高职高专电气电子类系列教材

可编程控制器技术应用
（S7-200 SMART）

孙承庭　马　剑　主编

化学工业出版社

·北京·

内容简介

S7-200 SMART 可编程控制器是国内应用很广泛的 S7-200 的更新换代产品。本书以项目案例的形式系统介绍了 S7-200 SMART PLC 的硬件与工作原理、STEP 7-Micro/WIN SMART 编程软件的使用、S7-200 SMART 编程基础、S7-200 SMART 功能指令、S7-200 SMART PLC 顺序控制梯形图程序设计、PLC 的通信与自动化通信网络等。各项目配有丰富习题，适合采用教学做一体化的授课模式，体现了高职院校高技能应用型人才培养的特色。

本书可以作为高职高专院校电气电子类相关专业的教材，也适合工程技术人员参考。

图书在版编目（CIP）数据

可编程控制器技术应用：S7-200 SMART/孙承庭，马剑主编. —北京：化学工业出版社，2021.7
高职高专电气电子类系列教材
ISBN 978-7-122-39156-8

Ⅰ.①可… Ⅱ.①孙…②马… Ⅲ.①可编程序控制器-高等职业教育-教材 Ⅳ.①TM571.6

中国版本图书馆 CIP 数据核字（2021）第 091945 号

责任编辑：葛瑞祎　王听讲　　　　　　　　　装帧设计：韩　飞
责任校对：杜杏然

出版发行：化学工业出版社（北京市东城区青年湖南街 13 号　邮政编码 100011）
印　　刷：北京京华铭诚工贸有限公司
装　　订：三河市振勇印装有限公司
787mm×1092mm　1/16　印张 12¼　字数 299 千字　2021 年 8 月北京第 1 版第 1 次印刷

购书咨询：010-64518888　　　　　　　售后服务：010-64518899
网　　址：http://www.cip.com.cn
凡购买本书，如有缺损质量问题，本社销售中心负责调换。

定　　价：42.00 元

前　言

　　S7-200 SMART 可编程控制器是国内应用广泛的 S7-200 的更新换代产品，其指令结构与 S7-200 基本相同。CPU 模块的类型有标准型和经济型，集成了 60 个输入/输出（I/O）点、以太网端口、RS-485 端口、高速计数、高速脉冲输出和位置控制功能，内部还可安装信号板。

　　本书内容安排如下：项目 1 为认识 PLC，主要是学习 PLC 的组成、工作原理及 S7-200 SMART PLC 的内部资源；项目 2 为 STEP 7-Micro/WIN SMART 编程软件应用与仿真，主要学习编程软件的使用，包括用户程序的创建、运行、监控以及调试，还有 S7-200 仿真软件的应用；项目 3 为 S7-200 SMART 编程基础认知，主要学习 S7-200 SMART 的基本指令以及定时器、计数器的典型应用；项目 4 为 S7-200 SMART PLC 的功能指令认知及程序设计，主要学习数据传送、数学运算、比较、移位、跳转、中断等功能指令的应用；项目 5 为 S7-200 SMART PLC 顺序控制梯形图程序设计，主要学习顺序控制功能图结构及设计案例；项目 6 为 PLC 的通信与自动化通信网络认知，主要学习 PLC 工业通信基本技术及实现方法。每个项目都配有习题。另外，本教材还有 2 个附录。

　　本书每一个教学项目，根据相应的知识、能力和思政目标要求，按循序渐进、深入浅出的原则设计案例，具有鲜明的职业性。本书读者也可通过扫描二维码观看相关内容的视频讲解。职教云上还有丰富的课程配套资源。

　　本书由常州机电职业技术学院孙承庭、马剑主编，战崇玉副主编。参与教材编写的还有苌晓兵、马仕麟、王青。具体编写分工如下：孙承庭编写了项目 1、2、3；马剑编写了项目 4、5；战崇玉编写了项目 6；孙承庭、苌晓兵、王青共同编写了实训部分（共包括 16 个实验）；马仕麟编写了附录。

　　因编者水平有限，书中难免有疏漏之处，恳请读者批评指正。

编者

2021 年 5 月

目　录

项目1

认识PLC

【项目案例】

通过 PLC 与交流接触器控制交流异步电动机启停电路（图 1-1），掌握 PLC 控制线路与传统继电器控制线路的异同，及 PLC 控制的优势。

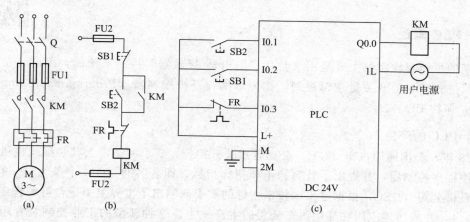

图 1-1　PLC 与交流接触器控制交流异步电动机启停电路

【项目分析】

图 1-1 为接触器与 PLC 控制电动机单向运行控制电路。图 1-1(a)、图 1-1(b)、图 1-1(c) 分别为主电路、接触器控制电路和 PLC 接线输入/输出接线图。PLC 控制与继电器硬件接线控制方式不同，属于存储程序控制方式，利用 PLC 内存中的"软继电器"取代传统的物理继电器，以软件编程取代硬件接线实现控制逻辑，使控制系统的硬件大为简化，具有硬件结构简单、控制逻辑更改方便、系统稳定、维护方便以及性价比高等一系列优点。

【学习目标】

一、知识目标

① 了解 PLC 的发展和应用情况。
② 熟练掌握 PLC 的基本概念，了解 PLC 的产生、功能特点、分类以及主要品牌。
③ 掌握 PLC 的结构、工作原理、内部资源、主要技术参数及技术应用。

二、能力目标

① 根据 PLC 技术指标，掌握其外围硬件端口的接线方法。

② 利用 PLC 功能模块扩展 I/O 接口的能力。

三、思政目标

① PLC 在我国的应用范围十分广泛，在介绍中国 PLC 品牌时，要让学生认识到与世界发达国家在此领域的差距，鼓励他们为民族品牌发展努力学习、刻苦钻研，不断缩小与发达国家之间的差距。

② PLC 的难度大、实践性强，学生会有畏难情绪，培养学生对职业的敬畏、敬业精神，使其善于思考。

③ 教学第一环节就是考勤，引导学生凡事从诚信做起，平时作业、期末大考试需要按照课堂要求，不弄虚作假。

任务 1.1　PLC 的基本认知

认识 PLC

1.1.1　PLC 概述

早期的可编程控制器主要是用来替代"继电器-接触器"控制系统的，因此，功能较为简单，只进行简单的开关量逻辑控制，称为可编程逻辑控制器（Programmable Logic Controller），简称 PLC。

（1）PLC 的产生

1968 年，美国通用汽车（GM）公司首次公开招标，要求制造商为其装配线提供一种新型的通用程序控制器，并提出了著名的十项招标指标，即著名的"GM 十条"。1969 年，美国数字设备公司（DEC）根据这十项技术指标的要求研制出了世界上第一台可编程逻辑控制器 PDP-14，并成功地应用在通用汽车公司的生产线上。这种新型的工业控制装置用计算机的软件逻辑编程成功取代了继电器控制的硬件接线，实现了生产硬件设备的"柔性"。1974 年，我国开始了 PLC 技术的研究，并在 1977 年研制出第一台具有实用价值的 PLC。

早期的 PLC 主要用于顺序控制。20 世纪 70 年代后期，随着微电子技术、计算机技术和通信技术的发展，微处理器被用作可编程控制器的中央处理单元（Central Processing Unit，CPU），从而大大扩展了可编程控制器的功能，除了进行开关量逻辑控制外，还具有模拟量控制、高速计数、PID（Proportion Integration Differentiation，比例积分微分）回路调节、远程 I/O 和网络通信等许多功能。目前 PLC 已基本代替了传统的继电器控制系统，成了工业自动化领域中应用最多的控制装置，居工业生产自动化三大支柱（可编程控制器、机器人、计算机辅助设计与制造）的首位。

（2）PLC 的定义

1980 年，美国电气制造商协会（National Electrical Manufacturers Association，NEMA）将其正式命名为可编程控制器（Programmable Controller，PC），其定义为："PC 是一种数字式的电子装置，它使用可编程序的存储器以及存储指令，能够完成逻辑、顺序、定时、计数及算术运算等功能，并通过数字或模拟的输入、输出接口控制各种机械或生产过程。"

1987 年 2 月，国际电工委员会（International Electrotechnical Commission，IEC）将可编程控制器定义为："可编程控制器是一种数字运算操作的电子系统，专为在工业环境下应用而设计。它采用可编程序的存储器，用来在其内部存储执行逻辑运算、顺序控制、定时、计数和算术运算等操作的指令，并通过数字式、模拟式的输入和输出，控制各种类型的机械或生产过程。可编程控制器及其有关设备，都应按易于与工业控制器系统连成一个整体、易于扩充其功能的原则设计。"

从上述定义可以看出，可编程控制器是一种"专为在工业环境下应用而设计"的"数字运算操作的电子系统"，可以认为其实质是一台工业控制用计算机。为了避免同常用的个人计算机（Personal Computer）的简称 PC 混淆，本书也沿用 PLC 这一叫法。

1.1.2 PLC 的特点

PLC 是面向用户的工业控制专用计算机，与通用计算机相比有其自身的特点，具体如下。

(1) 高可靠性，抗干扰能力强

高可靠性是电气控制设备的关键特点。首先，由于 PLC 采用现代超大规模集成电路技术，采用严格的生产工艺制造，内部电路采取了先进的抗干扰技术，具有很高的可靠性。例如三菱公司生产的 F 系列 PLC 平均无故障时间高达 30 万小时以上。其次，PLC 用户采用软件编程代替大量的中间继电器和时间继电器，仅剩下与输入和输出有关的少量硬件，因触点接触不良造成的故障就会大为减少。

(2) 编程方便、灵活

PLC 作为通用工业控制计算机，是面向工矿企业的工控设备。其编程语言梯形图语言的图形符号与表达方式和继电器电路图相当接近，只用 PLC 的少量开关量逻辑控制指令就可以方便地实现继电器电路的功能，这易于被工程技术人员接受，特别是为那些不熟悉电子电路、不懂计算机原理和汇编语言的人使用计算机从事工业控制打开了方便之门。

(3) 易于安装、调试与维修

PLC 安装方便，具有标准导轨安装用卡扣，具有输入、输出接线端子，用螺钉旋具（螺丝刀）可将 PLC 与不同的控制设备连接。PLC 调试方便，用逻辑控制代替传统的硬接线，大大减少了控制设备的外部接线，使控制系统设计及建造的周期大为缩短，且维护方便，使同一设备经过修改用户程序即可改变生产过程成为可能，适合多品种、小批量的生产场合。PLC 维护方便，具有完善的自诊断功能和运行故障指示装置，当发生故障时，可以根据其面板上的各种发光二极管的状态，迅速分析查明原因，排除故障。

(4) 功能齐全，适用性强

PLC 发展到今天，已经产生了大、中、小各种规模的系列化产品，并且已经标准化、系列化、模块化，PLC 配备有品种齐全的各种硬件装置供用户选用，用户能灵活方便地进行系统配置，组成不同功能、不同规模的系统。PLC 有较强的带负载能力，可直接驱动一般的电磁阀和交流接触器，可以用于各种规模的工业控制场合。除了逻辑处理功能以外，现代 PLC 大多具有完善的数据运算能力，可用于各种数字控制领域。近年来 PLC 的功能单元大量涌现，使 PLC 渗透到了位置控制、温度控制等各种工业控制中，加上 PLC 通信能力的增强及人机界面技术的发展，使用 PLC 组成各种控制系统变得非常容易。

（5）体积小，能耗低

随着电子技术发展和应用，PLC 的体积逐渐减小，重量也越做越轻，功耗变小。

1.1.3 PLC 的分类

通常，PLC 可按照 I/O 点数和结构进行分类。

（1）按 I/O 点数分类

PLC 按其 I/O 点数多少一般可分为以下 4 类。

① 微型 PLC：I/O 点数小于 64 点的 PLC 为超小型或微型 PLC。

② 小型 PLC：I/O 点数大于等于 64 点且小于 256 点，用户程序存储容量小于 8KB 的为小型 PLC。如西门子公司的 S7-200 系列，三菱公司的 F1、F2 和 FX0 系列都属于小型机。

③ 中型 PLC：I/O 点数为 256～2048 点的为中型 PLC。它除了具有小型机所能实现的功能外，还具有更强大的通信联网功能、更丰富的指令系统、更大的内存容量和更快的扫描速度。如西门子公司的 S7-300 系列、三菱公司的 A1S 系列都属于中型机。

④ 大型 PLC：I/O 点数大于 2048 点的为大型 PLC。它具有极强的软件和硬件功能、自诊断功能、通信联网功能，可以实现工厂生产管理自动化。如西门子公司的 S7-400 系列、三菱公司的 A3M、A3N 系列都属于大型机。

（2）按 PLC 的结构进行分类

PLC 按其结构可分为整体式、模块式、叠装式 3 种。

① 整体式：将电源、CPU、I/O 单元、通信等部件都集成在一个机壳内。整体式 PLC 一般以小型机居多，如西门子公司的 S7-200 系列，三菱公司的 FX 系列。三菱和西门子公司的整体式产品外观如图 1-2 所示。

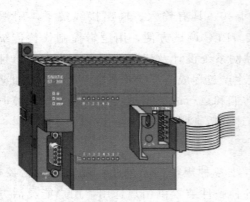

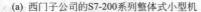

(a) 西门子公司的S7-200系列整体式小型机　　　　(b) 三菱公司的FX系列整体式产品

图 1-2　三菱和西门子公司的整体式产品外观

② 模块式：将 PLC 的每个工作单元都制成独立的模块，如 CPU 模块、I/O 模块、电源模块（有的含在 CPU 模块中）以及各种功能模块。把这些模块按控制系统需要选取后，

安插到母板上，就构成了一个完整的 PLC 系统。这种模块式 PLC 的特点是配置灵活，可根据需要选配不同规模的系统，而且装配方便，便于扩展和维修。大、中型 PLC 一般采用模块式结构，如西门子 S7-300、S7-400 系列。西门子公司的模块式产品外观如图 1-3 所示。

(a) 西门子公司的模块式小型机　　　　　　(b) 西门子公司的模块式大、中型机

图 1-3　西门子公司的模块式产品外观

③ 叠装式：将整体式和模块式的特点结合起来，构成所谓叠装式 PLC。叠装式 PLC 将 CPU 模块、电源模块、通信模块和一定数量的 I/O 单元集成到一个机壳内，如果集成的 I/O 模块不够使用，可以进行模块扩展。

1.1.4　PLC 的性能指标

各个厂家的 PLC 虽然各有自己的特色，但主要性能指标基本相同。PLC 的性能指标主要有 I/O 点数、存储容量、扫描速度、指令系统、扩展能力以及内部寄存器等。

① I/O 点数　这是 PLC 最重要的一项技术指标，是指 PLC 面板上连接外部输入、输出端子的总数，常称为"点数"。点数越多表示 PLC 可接入的输入器件和输出器件越多，控制规模越大。PLC 的输入、输出信号有开关量和模拟量两种。对于开关量，I/O 点数为输入、输出端子的总和；对于模拟量，I/O 点数用最大的 I/O 通道数表示。

② 存储容量　通常是指用户程序存储器和数据存储器的容量之和，表示 PLC 系统提供给用户的可用资源的多少。存储容量用 K 字（KW）或 KB、K 位来表示。这里 1K＝1024B。

③ 扫描速度　扫描速度是指 PLC 执行指令程序的速度。通常以 ms/K 为单位，即执行 1K 步指令所需要的时间。1 步占用 1 个地址单元。扫描速度主要和用户程序的长度以及 PLC 的类型有关。

④ 指令系统　指令系统是指 PLC 所有指令的总和。指令系统表示该 PLC 软件功能的强弱。PLC 的指令越多，编程功能就越强。

⑤ 扩展能力　扩展能力是反映 PLC 性能的重要指标之一。除了主控模块外，大部分 PLC 还配有多种功能的扩展单元模块，例如 A/D 模块、D/A 模块和远程通信模块等。

⑥ 内部寄存器　PLC 内部有许多寄存器，用来存放变量、中间结果和数据等，还有许多辅助寄存器可供用户使用。因此寄存器配置也是衡量 PLC 功能的指标之一。

1.1.5　PLC 的主要品牌

目前，世界上生产 PLC 的厂家有 200 多个，比较知名的有美国的 AB 公司、通用电气

（GE）公司、莫迪康（MODICON）公司，日本的三菱（MITSUBISHI）公司、富士（FUJI）公司、欧姆龙（OMRON）公司、松下电工公司，德国的西门子（SIEMENS）公司，法国的 TE 公司、施耐德（SCHNEIDER）公司，韩国的三星（SAMSUNG）公司、LG 公司，中国的信捷 PLC 公司、科威 PLC 公司等。

西门子公司的产品有 S7-200（小型机）系列、S7-300（中型机）系列、S7-400（大型机）以及最新升级替代产品博图 S7-1200、S7-1500 系列。

任务 1.2　学习 PLC 的组成及工作原理

PLC 由硬件系统和软件系统两部分组成。

1.2.1　PLC 的基本组成

PLC 的硬件系统由主机、I/O 扩展单元及外部设备组成。PLC 的主机由中央处理器（CPU）、存储器、输入/输出单元、外设接口、I/O 扩展接口和电源等部分组成。PLC 硬件系统组成如图 1-4 所示。

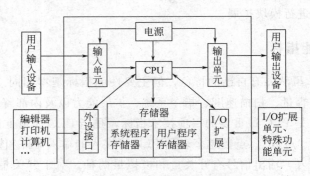

图 1-4　PLC 硬件系统组成

PLC 主要组成部件及其主要作用如下。

（1）CPU

CPU 是 PLC 的运算控制中心。PLC 在 CPU 的控制下，其主要作用是：

① 接收从编程器输入的用户程序，并存入程序存储器中；

② 用扫描方式采集现场输入状态和数据，并存入输入状态寄存器中；

③ 执行用户程序，产生相应的控制信号去控制输出电路，实现程序规定的各种设备控制操作。

（2）存储器

PLC 配有两种存储器：系统程序存储器和用户程序存储器。系统程序存储器存放系统程序，用户程序存储器存放用户编制的控制程序。用户程序存储器可分为两大部分，一部分用来存储用户程序，另一部分用来监控和作为用户程序的缓冲单元。衡量存储器的容量大小的单位为"步"。因为系统程序用来管理 PLC 系统，不能由用户直接存取，所以 PLC 产品样本或说明书中所列的存储器类型及其容量是指用户程序存储器。如某 PLC 存储器容量为4K步，就是用户程序存储器的容量。PLC所配的用户存储器的容量大小差别很大，通常中小型PLC的用户程序存储器存储容量在8K步以下，大型PLC的存储容量可超过256K步。

（3）电源

PLC配备具有开关式稳压电源的电源模块，用来将外部供电电源转换成供PLC内部CPU、存储器和I/O接口等电路工作所需的直流电源。该电源能适应电网电压的波动、温度变化的影响，对电压具有一定的保护作用，防止电压突变时损坏CPU。PLC的电源部件有很好的稳压措施，一般允许外部电源电压在额定值的±10%范围内波动。小型PLC的电源往往和CPU单元合为一体，而大中型PLC都配有专用电源部件。为防止在外部电源发生故障时PLC内部程序和数据等重要信息的丢失，PLC还配有锂电池作为后备电源。一般每一个PLC的CPU模块都有一个24V DC传感器电源，它为本机的输入点或扩展模块的继电器线圈或其他设备供电。（特别注意：如果设备用电量超过了传感器供电定额，必须为系统另配一个外部24V DC供电电源。对于不同的CPU，可以查阅有关手册，了解24V DC传感器供电电源定额。）整体式结构的PLC，其电源一般封装在机箱内部；模块式的PLC，既有单独的电源模块，也有将电源与CPU封装到一个模块的结构。

警告：如果将外部24V DC电源与S7-200的24V DC传感器电源并联，则每一路电源都试图建立自己的输出电压电平，从而导致两路电源冲突。这种冲突的结果会缩短电源的使用寿命，或者一路或二路电源会立即损坏，这样会使PLC系统产生一系列不确定的操作。这种不确定的操作会造成死亡或者严重的人身伤害和设备损坏。S7-200的DC传感器供电和任何外部供电应该分别给不同的点提供电源。

（4）输入/输出单元

输入/输出单元又叫输入/输出接口或I/O接口电路。

① 输入接口电路　输入接口电路用来接收和采集现场输入信号。实际生产过程中产生的输入信号（如按钮、行程开关以及传感器输出的开关信号或模拟量）多种多样，信号电平也各不相同，而PLC所能处理的信号只能是标准电平，因此必须通过输入单元将这些信号转换成CPU能够接收和处理的标准信号，并存储到输入映像寄存器中，所以输入/输出单元实际上是CPU与现场输入/输出设备之间的连接部件，起着PLC与被控对象间传递输入/输出信息的作用。直流输入接口电路如图1-5所示。

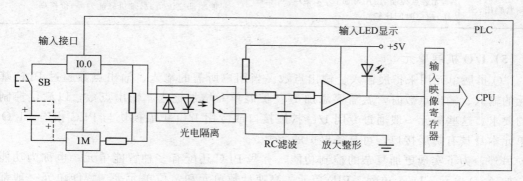

图1-5　直流输入接口电路

在图1-5所示的电路中，RC滤波电路用以消除输入触头的抖动，光电耦合电路可防止现场的强电干扰进入 PLC。

当图 1-5 中外部触点接通时，光耦合器中 2 个反并联的发光二极管中的一个亮，光敏晶体管饱和导通；外部触点断开时，光耦合器中的发光二极管熄灭，光敏晶体管截止，信号经内部电路传送给 CPU 模块。在图 1-5 中，电流从输入端流入，称为漏型输入；将图中的电源反接，电流从输入端流出，称为源型输入。

② 输出接口电路　输出接口电路一般由 CPU 输出接口电路和功率放大电路组成。输出接口电路是 PLC 的负载驱动回路。需要驱动的外部执行元件（如电磁阀、接触器、继电器、指示灯、步进电动机以及伺服电动机）所需的控制信号电平也千差万别，也必须通过输出模块将 CPU 输出的标准电平信号转换成这些执行元件所能接收的控制信号。为满足控制的需要，PLC 输出形式有继电器输出、晶体管输出和晶闸管输出三种形式。为提高 PLC 的抗干扰能力，每种输出电路都采用了光电或电气隔离技术。PLC 三种输出接口电路形式如图 1-6 所示。

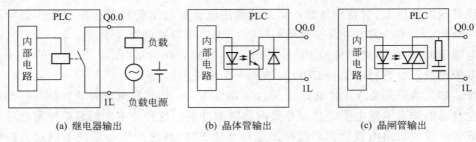

(a) 继电器输出　　　　　　(b) 晶体管输出　　　　　　(c) 晶闸管输出

图 1-6　PLC 三种输出接口电路形式

PLC 三种输出形式是为了适应多种输出场合而设计的，各有优缺点，PLC 三种输出形式的优缺点对比如表 1-1 所示。

表 1-1　PLC 三种输出形式的优缺点对比

输出形式	优点	缺点
继电器输出（R）	可驱动交、直流负载，导通压降小，价格便宜，电压范围宽	触点的使用寿命短，触点断开有电弧产生，容易产生干扰，响应时间长（10ms），转换频率低，不适用于高频动作的负载
晶体管输出（T）	无触点控制，使用寿命长，无噪声，可靠性高，响应时间短（0.2ms），可适应高频动作	只能驱动直流负载，带负载能力差，价格高
晶闸管输出（S）	无触点控制，使用寿命长，无噪声，可靠性高，响应时间比较短	只能驱动交流负载，带负载能力差，价格高

（5）I/O 扩展单元

I/O 扩展单元用来扩展输入、输出点数。当用户所需的输入、输出点数超过 PLC 基本单元的输入、输出点数时，就需要添加 I/O 扩展单元增加输入、输出点数，以满足控制系统的要求。这些单元一般通过专用 I/O 扩展接口或专用 I/O 扩展模块与 PLC 相连。I/O 扩展单元本身具有扩展接口，可具备再扩展能力。

另外，为了实现更加复杂的控制功能，有些 PLC 还配有多种智能单元，也称为功能模块，如 A/D 单元、D/A 单元、PID 单元、高速计数单元和定位单元等。智能单元一般都有各自的 CPU 和专用的系统软件，能独立完成一项专门的工作。智能单元通过总线与主机联机，通过通信方式接受主机的管理，共同完成控制任务。

1.2.2 PLC 的工作原理

（1）PLC 的扫描周期

PLC 可周而复始地执行一系列任务。任务循环执行一次扫描操作所需的时间称为扫描周期。其典型值为 0.5～100ms。扫描周期的长短主要取决于以下几个因素：CPU 执行指令的速度、执行每条指令占用的时间、程序中指令的条数等。一般说来，在一个扫描过程中，输入采样和输出刷新所占时间较少，执行指令的时间占了绝大部分。指令执行时间与 CPU 执行速度、指令的时间有关，当机型确定后，扫描速度就会确定，扫描用户程序时间的长短将随着用户程序的长短而改变。PLC 的一个扫描周期如图 1-7 所示。

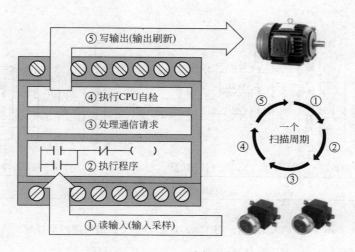

图 1-7　PLC 的一个扫描周期

（2）PLC 的扫描工作方式

PLC 循环扫描过程一般包括 5 个阶段：内部处理与自检、通信处理、输入采样、程序执行以及输出刷新。PLC 的循环扫描工作流程如图 1-8 所示。

PLC 一般有两种工作状态，即运行（RUN）状态与停止（STOP）状态。运行状态是执行用户应用程序的状态；停止状态不执行程序，一般用于用户程序的编制与修改。当开关处于停止状态时，只执行前面两个阶段，即内部处理与自检、通信处理；当 PLC 处于运行状态时，执行所有的 5 个阶段。

完整扫描工作过程：首先清除 I/O 映像寄存器区的内容，然后进行自检（或自诊断），确认正常后开始扫描。对每个程序，CPU 从第一条指令开始执行，按指令步序号做周期性的循环扫描，读取输入后，如果无跳转指令，则从第一条指令开始逐条执行用户程序，直至遇到结束指令后又返

图 1-8　PLC 的循环扫描工作流程

9

回第一条指令，如此周而复始地进行。CPU 采用周期性地集中采样、集中输出的方式来完成。

内部处理：检查 CPU 等内部硬件，监视定时器（WDT）复位以及其他工作。

通信服务：与其他智能装置（如编程器、计算机等）实现通信。

CPU 自检：也叫自诊断，即检查电源、内部硬件和程序语法等，有错或异常则进行相应处理，使 PLC 停止扫描或强制变成 STOP 状态。

输入采样：按顺序对所有输入端的状态进行采样，并存入相应寄存器。

程序执行：对用户程序扫描执行，并将结果存入相应的寄存器。

输出刷新：将寄存器中与输出有关状态，转到输出锁存器，输出驱动外部负载。

PLC 在运行（RUN）状态下一个扫描周期的全过程如图 1-9 所示。

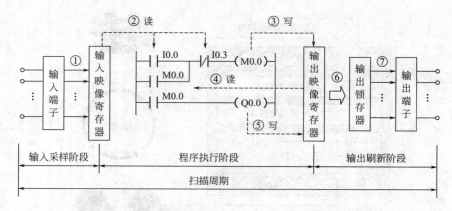

图 1-9　PLC 在运行（RUN）状态下一个扫描周期的全过程

① 输入采样阶段　在输入采样阶段，PLC 中的 CPU 按顺序扫描，将全部现场输入信号（按钮、限位开关和速度继电器的通断状态等）经 PLC 的输入接口读入输入映像寄存器。当外部输入电路接通时，对应的输入映像寄存器为 ON（1 状态），梯形图中对应的常开触点闭合，常闭触点断开；反之输入映像寄存器为 OFF（0 状态）。输入采样结束且进入程序执行阶段后，在一个扫描循环结束前，即使输入信号发生变化，输入映像寄存器内的数据也不再随之变化，直到下一次输入采样时才会更新，这种输入工作方式称为集中输入方式。

② 程序执行阶段　在程序执行阶段，若不出现中断或跳转指令，PLC 就根据梯形图程序的顺序从首地址开始按"自上而下、从左往右"的顺序进行逐条扫描执行，扫描过程中分别从输入映像寄存器、输出映像寄存器、辅助继电器等将有关编程元件的状态数据"0"或"1"读出，并根据梯形图规定的逻辑关系执行相应的运算，运算结果写入对应的输入映像寄存器中保存，而需向外输出的信号则存入输出映像寄存器，并由输出锁存器保存。等到所有指令都扫描处理完后，转入输出刷新阶段。

③ 输出刷新阶段　CPU 将输出映像寄存器的状态（梯形图中某输出位的线圈"通电"，对应的输出映像寄存器中的二进制数为 1；反之线圈"断电"，输出映像寄存器位数值为 0）经输出锁存器和 PLC 的输出接口传送到外部去驱动接触器线圈和指示灯等负载。这时输出锁存器保存的内容要等到下一个扫描周期的输出阶段才会被再次刷新。一般把这种输出工作方式称为集中输出方式。

1.2.3　扩展模块和信号板

扩展模块、信号板和通信模块与标准CPU配合使用，可以增加PLC的功能。扩展模块包括输入模块（Input）和输出模块（Output），它们简称为I/O模块。扩展模块和CPU的输入/输出电路是系统的"眼、耳、手、脚"，是联系外部现场设备和CPU的桥梁。

（1）数字量扩展模块与信号板

① 数字量输入电路　有8点、16点的输入/输出模块，16点、32点输入/输出模块。输入电流单位为mA。

② 数字量输出电路　S7-200 SMART的数字量输出回路的功率元件有驱动直流负载的MOSFET（场效应晶体管），以及既可以驱动交流负载又可以驱动直流负载的继电器，负载电源由外部提供。功率元件继电器输出电路可以驱动直流负载和交流负载，承受瞬时过电压和过电流的能力较强，动作速度慢，动作次数有限。场效应晶体管输出电路只能驱动直流负载，反应速度快，使用寿命长，过载能力稍差。

（2）信号板与通信模块

S7-200 SMART信号板为用户提供I/O点数的扩展需求和通信端口的扩展需求，常用的信号板和通信模块有如下几种。

① SB DT04，为用户提供了2个数字量输入和2个晶体管类型数字量输出。

② SB AE01，为用户提供了1个模拟量输入点。

③ SB AQ01，为用户提供了1个模拟量输出点。

④ SB CM01，为用户提供了1个RS-232或RS-485通信接口。

⑤ SB BA01，具有实时时钟保持功能，为用户提供长约1年的时钟运行时间。

⑥ EM DP01，PROFIBUS-DP通信模块，可以做DP从站和MPI从站。

S7-200 SMART三款信号板外观如图1-10所示。

图1-10　S7-200 SMART三款信号板外观

在控制系统中，如果用户有少量点数需求时，或者需要额外的通信接口时，可以使用信号板进行扩展，实现起来简单方便。

（3）模拟量扩展模块

① PLC 对模拟量的处理　PLC 的模拟量扩展模块有输入模块和输出模块，PLC 的基本单元不能直接处理模拟量，需要添加 A/D 和 D/A 扩展模块进行转换。模拟量输入（AI）模块将模拟量转换为多位数字量。模拟量输出（AO）模块将 PLC 中的多位数字量转换为模拟量电压或电流。常用的有 4AI、8AI、2AO、4AO、2AI/1AO、4AI/2AO、热电阻及热电偶模块。

② 模拟量输入模块　模拟量输入（AI）模块将模拟量转换为多位数字量。从常见的温度、压力、位移等传感器输入的电压、电流信号，通过 A/D 扩展模块把这些模拟量转换成数字量输入到 PLC 进行数据处理。电压模式的分辨率为 12 位＋符号位，电流模式的分辨率为 12 位。单极性满量程输入范围对应的数字量输出为 0～27648。双极性满量程输入范围对应的数字量输出为－27648～27648。模拟量转换成数字量的控制过程示意图如图 1-11 所示。

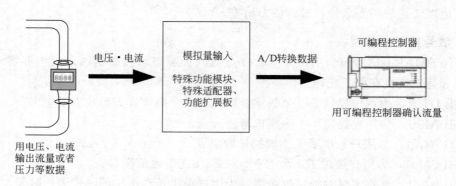

图 1-11　模拟量转换成数字量的控制过程示意图

③ 模拟量输出模块　模拟量输出（AO）模块将 PLC 中的多位数字量转换为模拟量电压或电流。从 PLC 中的 D/A 转换模块输出的电压、电流信号用于控制变频器、压力调节阀等设备。数字量转换为模拟量的控制过程示意图如图 1-12 所示。

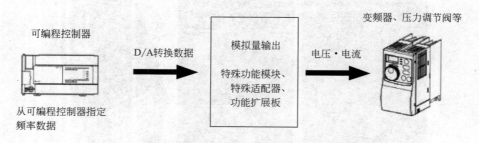

图 1-12　数字量转换为模拟量的控制过程示意图

常见的模拟量信号有 0～5V、0～10V 的 DC 电压信号，0～20mA、4～20mA 的 DC 电流信号。那么 PLC 是如何处理这些模拟量信号的？PLC 本身是处理数字量信号的，所以通过 A/D 先转换成数字信号，因此需要一个数字量的范围和模拟量对应转换。根据不同的扩展模块，数字量范围是不一样的，也就是说精度的差别，有 1600、4000、16000 和 32000

等，数字量越大代表精度越高。

在将模拟量输入模块的数字量输出值转换为实际的物理量时，应考虑变送器的输入/输出量程和模拟量输入模块的量程，找出被测物理量与 A/D 转换后的数字值之间的比例关系。模拟量输入信号有非标准的 0～20mA 和标准的 4～20mA 两种模拟量输入信号，它们之间是存在比例换算关系的。假设模拟量输入信号为 0～20mA，那么在 S7-200 CPU 内部对应的数值是 0～32000，假设模拟量输入信号为 4～20mA，那么在 S7-200 CPU 内部对应的数值是 6400～32000。

【例 1-1】 压力变送器（0～10MPa）的输出信号为 4～20mA DC，模拟量输入模块可以将 0～20mA 转换为 0～27648 的数字量，设转换后得到的数字为 N，试求以 kPa 为单位的压力值。

解：4～20mA 的模拟量对应于数字量 5530～27648，压力的计算公式为：

$$P = \frac{(10000-0)}{(27648-5530)}(N-5530) = \frac{10000}{22118}(N-5530)(kPa)$$

任务 1.3 认识 S7-200 SMART 的内部资源

1.3.1 S7-200 SMART 系列 PLC 的内部软元件

PLC 中的每一个输入/输出、内部存储单元、定时器和计数器等都称为软元件。每一个软元件都有一个地址与之相对应，软元件的地址编排采用区域号加区域内编号的方式。软元件的数量决定了 PLC 的规模和数据处理能力，每一种 PLC 的软元件是有限的。

1.3.2 S7-200 SMART 系列 PLC 的内部存储区

S7-200 SMART 系列 PLC 内部根据软元件的功能不同，分成了许多区域。

① 输入映像寄存器（I） 按八进制编号，用于存储外部开关的输入信号。当外部输入电路接通时对应的映像输入寄存器为 ON（1 状态），反之为 OFF（0 状态）。

② 输出映像寄存器（Q） 按八进制编号，用于存储运算结果并驱动外部负载，由用户程序驱动，当外部输出电路接通时对应的输出映像寄存器为 ON（1 状态），反之为 OFF（0 状态）。梯形图中 Q0.0 的线圈"通电"时，输出模块中对应的硬件继电器的常开触点闭合，其常开触点、常闭触点的数量和使用次数不限。

③ 内部位存储器（M） 类似于继电器控制系统的中间继电器，32 个字节。位存储器类似于中间继电器，用于逻辑运算中间状态的存储或信号类型的变换，32 个字节。位存储器的线圈由程序驱动，其常开和常闭触点使用次数不限，但是这些触点不能直接驱动外部负载。

④ 特殊存储器（SM） 特殊存储器用于 CPU 与用户程序之间交换信息。特殊存储器的标识符是 SM，使用特殊存储器可以选择 PLC 的一些特殊功能。如特殊位 SM0.0 在程序运行时一直为 ON 状态，可用于 PLC 运行监视或无条件执行的条件；SM0.1 仅在执行用户程序的第一个扫描周期为 ON 状态，可用于初始触发脉冲；SM1.0、SM1.1 和 SM1.2 分别为零标志、溢出标志和负数标志。SM0.4、SM0.5 可以分别产生占空比为 1/2、脉冲周期为 1min 和 1s 的脉冲信号，如图 1-13 所示。

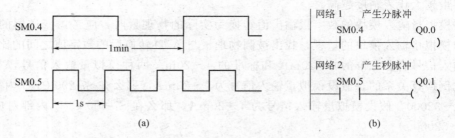

图 1-13　SM0.4 和 SM0.5 产生的占空比信号

⑤ 变量存储器（V）　用来存放程序执行的中间结果和有关数据。

⑥ 局部变量存储器（L）　局部变量存储器和变量存储器类似，主要区别是变量存储器是全局有效的，而局部变量存储器是局部有效的。"全局"是指同一个存储器可以为任何程序（如主程序、子程序或中断程序）存储数据；"局部"是指存储器当前只与特定的程序相关联，只能为某一程序存储数据。局部变量存储器的功能是作为暂时存储器，或给子程序传递参数。

⑦ 定时器（T）　定时器相当于时间继电器，在程序中实现延时控制。定时器的精度（分辨率）有 1ms、10ms 和 100ms 三种。PLC 定时器的编号为 T0～T255，共 256 个。定时器有一个设定值寄存器（16 位）、一个当前值寄存器（16 位）和一个用于存储其输出触点状态的映像寄存器，这三个存储单元使用同一个元件号，如 T37。

⑧ 计数器（C）　计数器用来累计其计数脉冲上升沿的次数。计数器位用来描述计数器触点的状态。S7-200 SMART 系列 PLC 计数器的编号为 C0～C255，共 256 个。

⑨ 模拟量输入映像寄存器（AI）　AI 模块将模拟量按比例转换为一个字的数字量。AI 地址应从偶数字节开始（例如 AIW2），AI 为只读数据。

⑩ 模拟量输出映像寄存器（AQ）　AQ 模块将一个字的数字值按比例转换为电流或电压。AQ 地址应从偶数字节开始（例如 AQW2），用户不能读取 AQ。

⑪ 高速计数器（HC）　高速计数器与普通计数器最大的区别在于计数频率高。普通计数器通过扫描计数输入条件是否发生变化来进行计数，其计数频率受扫描周期的影响，所以频率不会太高。而高速计数器则是通过外部高速输入 I 点直接采集外部高速事件到 CPU 中来实现计数，其计数频率不再受扫描周期限制，所以计数频率可以高达 200kHz，用来累计比 CPU 的扫描速率更快的事件，当前值为 32 位有符号整数。S7-200 SMART 系列 PLC 最多有 6 个高速计数器（HC0～HC5）。

⑫ 累加器（AC）　累加器是可读可写的存储单元，共 4 个 32 位存储器，其编号为 AC0～AC3。累加器为 32 位，可以按字节、字和双字来访问累加器中的数据。按字节、字只能访问累加器的低 8 位或低 16 位。累加器常用于向子程序传递参数和从子程序返回参数，或用来临时保存中间的运算结果。

⑬ 顺序控制继电器（S）　顺序控制继电器用于顺序控制编程，是为顺序过程控制的数据而建立的一个存储区，用于步进顺序过程的控制。S0.0～S0.7、S1.0～S1.7、…、S31.0～S31.7，共 256 位，可以按位、字节、字或双字来存取数据。详情可参考项目 4 的功能指令。

任务 1.4 PLC 相关知识的拓展认知

1.4.1 S7-200 SMART 系列 PLC

2012 年 7 月 30 日，西门子公司发布了一款全新的针对经济型自动化市场的 PLC，全称为 SIMATIC S7-200 SMART PLC。SMART 即为"简单（simple）、易维护（maintenance-friendly）、高性价比（affordable）、坚固耐用（robust）及上市时间短（timely to market）"的简称。

S7-200 SMART V2 完善了现有产品线，扩展了 I/O 能力，提升了芯片的存储能力，实现了 PLC 之间的以太网通信功能，改进了运动控制功能，优化了编程软件，与 SMART LINE 触摸屏、V20 变频器、V90 伺服系统组成新型的 SMART 小型自动化解决方案，全面覆盖客户对于自动控制、人机交互、变频调速及伺服定位的各种需求。

1.4.2 S7-200 SMART 系列 PLC 产品

S7-200 SMART 本体集成了一定数量的数字量 I/O 点、一个 RJ45 以太网口和一个 RS-485 接口。S7-200 SMART 外观如图 1-14 所示。

S7-200 SMART CPU 的特点如下。

① 机型丰富，更多选择 S7-200 SMART 系列 CPU 提供了多种不同类型、I/O 点数的机型，有 14 个标准型 CPU 和 4 个紧凑型 CPU。用户可以根据需要选择相应类型的 CPU。本体集成数字量 I/O 点数从 20 点、30 点、40 点到 60 点，可以满足大多数小型自动化设备的需求。

② 选件扩展，精确定制 S7-200 SMART CPU 为标准型 CPU，提供的拓展选件包括拓展模块和信号板两种。拓展模块使用插针连接到 CPU 后面，包括 DI、DO、DI/DO 数字量模块，以及 AI、AO、AI/AO、RTD、TC 模拟量模块。信号板插在 CPU 前面板的插槽里，包括 CM 通信信号板、DI/DO 信号板、AO 信号板和电池板。

③ 高速芯片，性能卓越 S7-200 SMART CPU 配备了西门子专用的高速处理芯片，布尔运算指令的处理时间仅需 0.15s，其性能在同级别小型 PLC 产品中处于领先位置，完全能够胜任各种复杂的控制任务。

④ 以太网互联，经济便捷 以太网具备快速、稳定等诸多优点，使其在工业控制领域的发展中越来越被广泛地应用，S7-200 SMART CPU 顺应了这一发展趋势，其本体集成了一个以太网接口。用户不再需要专门的编程电缆来连接 CPU，通过以太网网线即可完成计

图 1-14 S7-200 SMART 外观

1—I/O 的 LED；2—端子连接器；3—以太网通信端口；4—用于在标准（DIN）导轨上安装的夹片；5—以太网状态 LED（保护盖下面）：LINK，RX/TX；6—状态 LED：RUN、STOP 和 ERROR；7—RS-485 通信端口；8—可选信号板（仅限标准型）；9—存储卡连接（保护盖下面）

算机与 CPU 的连接。CPU 本体通过以太网接口还可以与其他 S7-200 SMART CPU、HMI 以及计算机进行通信，轻松组网。

⑤ 三轴脉冲，运动自如　CPU 模块本体最多集成 3 路高速脉冲输出，频率高达 100kHz，支持 PWM/PTO 输出方式以及多种运动模式，可自由设置运动包络，配以方便易用的向导设置功能，可快速实现设备调速、定位等功能。

⑥ 通用 SD 卡，快速更新　本机集成 Micro SD 卡插槽，使用市面上通用的 Micro SD 卡即可实现程序的更新和 PLC 的固件升级，极大地方便了客户工程师对最终用户的服务支持，也省去了因 PLC 固件升级返厂服务的不便。

⑦ 软件友好，编程高效　在继承西门子编程软件强大功能的基础上，融入了更多的人性化设计，如新颖的带状式菜单、全移动式界面窗口、方便的程序注释功能、强大的密码保护等。在体验强大功能的同时，大幅提高开发效率，缩短产品上市时间。使用 STEP 7-Micro/WIN SMART 编程软件，界面更友好，操作更简单，V2.3 以上版本全面支持 Windows 10 操作系统。

⑧ 完美整合，无缝集成　SIMATIC S7-200 SMART 可编程控制器、SIMATIC SMART LINE 触摸屏、SINAMICS V20 变频器和 SINAMICS V90 伺服驱动系统完美整合，为 OEM 客户带来高性价比的小型自动化解决方案，满足客户对于人机交互、控制和驱动等功能的全方位需求。

1.4.3　S7-200 SMART CPU 产品类型

S7-200 SMART CPU 将微处理器、集成电源、输入电路和输出电路组合到一个结构紧凑的外壳中，形成功能强大的 Micro-PLC。S7-200 SMART CPU 模块本体集成 1 个以太网接口和 1 个 RS-485 接口，通过扩展 CM01 信号板，其通信端口数量最多可增至 3 个，可满足小型自动化设备与触摸屏、变频器及其他第三方设备进行通信的需求。

S7-200 SMART CPU 系列包括 14 个 CPU 型号，分为标准型和紧凑型两条产品线，全方位满足不同行业、不同客户、不同设备的各种需求。标准型作为可扩展 CPU 模块，可满足对 I/O 规模有较大需求、逻辑控制较为复杂的应用；而紧凑型（亦称为经济型）CPU 模块直接通过单机本体满足相对简单的控制需求。

CPU 标识的第一个字母表示产品线，S 代表标准型，C 代表紧凑型。

(1) 标准型 CPU 模块

标准型 CPU 模块的类型有 CPU SR20/SR30/SR40/SR60 和 CPU ST20/ST30/ST40/ST60。

(2) 紧凑型 CPU 模块

紧凑型 CPU 模块的类型有 CPU CR40/CR60 和 CR20s/CR30s/CR40s/CR60s。

说明：首字母 S 和 C 是 CPU 的标识类型，第二个字母表示交流电源/继电器输出（R）或直流电源/直流晶体管（T）。第三部分数字表示总板载数字量 I/O 点数。I/O 计数后的小写字符"s"（仅限串行端口）表示新的经济型号。

例如：

① S7-200 SMART CPU ST40：标准型 CPU 模块，晶体管输出，24V DC 供电，24 输入/16 输出。

② S7-200 SMART CPU SR60：标准型 CPU 模块，继电器输出，220V AC 供电，36 输入/24 输出。

③ S7-200 SMART CPU CR40：经济型 CPU 模块，继电器输出，220V AC 供电，24 输入/16 输出。

1.4.4 S7-200 SMART ST40 CPU 模块的端口接线

亚龙 PLC 实验
平台使用讲解

不同的 CPU 有不同的接线方法，可参考相关说明书进行外部接线。本书以实验室控制柜上采用的 ST40 CPU 模块为例进行介绍。

(1) ST40 CPU 概述

全称是 "CPU ST40 DC/DC/DC"，其名称遵循 S7-200 SMART 系列 PLC 的命名规则：字母 S 表示"标准型"；字母 T 表示"晶体管输出"；40 表示该模块数字量 I/O 总点数为 40 个，由于输入/输出点数的比例关系为 3∶2，因此 ST40 有 24 个数字量输入（DI）通道，16 个数字量输出（DO）通道；名称中第一个 DC 表示其供电方式为直流电（DC 24V）；第二个 DC 表示输入方式为直流电；第三个 DC 表示输出方式为直流电。ST40 CPU 的外观如图 1-15 所示。

ST40 CPU 模块的左下角是 RS-485 接口，编号为 X20。其右边是一个端盖，掀开盖子可以看到两个接线端子，左边的编号为 X12，右边的编号为 X13，是数字量输出的接线端子。

图 1-15 ST40 CPU 的外观

X13 的上方是一个微型 SD 卡插槽（Micro SD card），可以使用市面上通用的 SD 卡。

ST40 CPU 模块的上部分也有一个端盖，掀开后可以看到两个接线端子，左边的编号为 X10，右边的编号为 X11，这是数字量输入和电源供电的地方。其中 X11 的 18 号端子为 24V 供电的正极，19 号为负极，20 号为功能性接地。

在 X10 的左边有个以太网的插口，可以用来连接以太网。ST40 CPU 模块的中央有个方形的盖板，可以用来插接信号板（signal board）。

ST40 CPU 模块提供了很多 LED 指示灯，如 CPU 的运行（RUN）、停止（STOP）、报错（ERROR）指示灯，数字量输入/输出指示灯，以太网网络连接（LINK）和数据传输（Rx/Tx）指示灯等，用来指示 CPU 模块的状态。ST40 CPU 模块状态指示灯如图 1-16 所示。

特别提示：

标注 "CPU SR40（AC/DC/继电器）"的含义：AC 表示供电电源电压为 120～240V AC，DC 表示输入端的电源电压为 24V DC，"继电器"表

图 1-16 ST40 CPU 模块状态指示灯

示输出形式为继电器输出，在 CPU 输出点接线端子旁边印有"Relay Output"字样。

（2）ST40 CPU 的接线方法

ST40 CPU 的接线示意图如图 1-17 所示。从图中可以清楚地看到模块的供电、数字量输入、数字量输出及模块向外输出 24V 电源的接线方式。

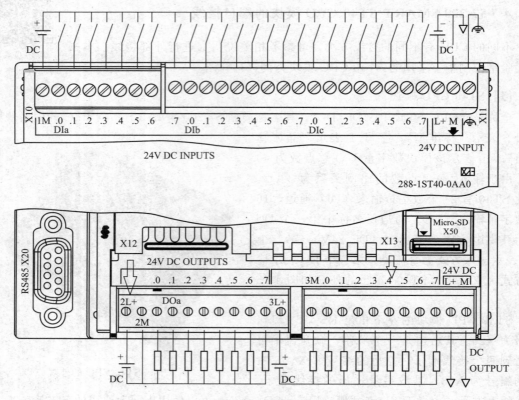

图 1-17　ST40 CPU 的接线示意图

ST40 CPU 的接线说明如下所示。PLC 在工作前必须正确地接入控制系统。和 PLC 连接的主要有电源接线、输入/输出器件的接线、通信线以及接地线。上端是 24V 直流供电输入，分别为 DIa、DIb、DIc 共 24 个输入端，分别标注为 I0.0～I0.7、I1.0～I1.7、I2.0～I2.7，下面是 24V 直流供电输出，分别为 DOa、DOb、DOc 共 16 个输出端，分别是 Q0.0～Q0.7、Q1.0～Q1.7。

① 上部端子（输出及 PLC 电源接线端子）

a. L+、2L+、3L+分别接直流 24V 电源正极，M、2M、3M 为公共端，接电源负极。I0.0～I0.7、I1.0～I1.7、I2.0～I2.7 输入端接按钮或开关。

b. 输出 Q0.0～Q0.7、Q1.0～Q1.7 接线圈、灯等负载。输出继电器用 Q 表示，采用八进制编号。S7-200 SMART 系列 PLC 可扩展到 128 位，即 Q0.0～Q0.7、Q1.0～Q1.7、…、Q15.0～Q15.7。

② 下部端子（输入及传感器电源接线端子）

a. L+：内部 24V DC 电源正极，为外部传感器或输入继电器供电。

b. M：内部 24V DC 电源负极，接外部传感器负极或输入继电器公共端。

　　c. I0.0～I1.5：输入继电器端口，接输入信号。输入继电器用 I 表示，采用八进制编号。S7-200 系列 PLC 可扩展到 128 位，即 I0.0～I0.7、I1.0～I1.7、…、I15.0～I15.7。

　　d. 1M 与 2M：输入继电器的公共端口，接内部 24V DC 电源负极。其中 I0.0～I0.7 的公共端口为 1M；I1.0～I1.5 的公共端口为 2M。

思考与练习

1. 填空题

（1）PLC 主要由＿＿＿＿＿＿＿＿、＿＿＿＿＿＿＿＿、＿＿＿＿＿＿＿＿和＿＿＿＿＿＿＿＿组成。

（2）PLC 的 3 种输出形式是＿＿＿＿＿＿＿＿、＿＿＿＿＿＿＿＿、＿＿＿＿＿＿＿＿。

（3）继电器的线圈"断电"时，其常开触点＿＿＿＿＿＿＿＿，常闭触点＿＿＿＿＿＿＿＿。

（4）PLC 在 RUN 状态下，一个扫描周期包括＿＿＿＿＿＿＿＿、＿＿＿＿＿＿＿＿和＿＿＿＿＿＿＿＿三个部分。

（5）工业生产自动化的三大支柱是＿＿＿＿＿＿＿＿、＿＿＿＿＿＿＿＿和＿＿＿＿＿＿＿＿。

（6）PLC 按其结构可分为＿＿＿＿＿＿＿＿、＿＿＿＿＿＿＿＿和＿＿＿＿＿＿＿＿ 3 种。

2. 简述可编程控制器的定义。

3. S7-200 SMART 系列 PLC 的 3 种输出方式分别有什么特点，分别适用于什么性质的负载？

4. 可编程控制器主要应用于哪些领域？

5. PLC 的主要技术指标有哪些？

6. PLC 是如何分类的？

7. PLC 由哪几部分组成？画出 PLC 的基本组成框图。

8. 什么叫 PLC 的扫描周期？PLC 循环扫描过程一般包括哪些阶段？

9. S7-200 SMART 系列 PLC 的内部资源有哪些，各有何作用？

10. S7-200 SMART CPU 有哪两种类型？

11. 频率变送器量程为 45～55Hz，输出信号为 0～10V DC，模拟量输入模块的输入信号量程为 0～10V DC，转换后的数字量为 0～27648，转换后得到的数字为 N，求以 0.01Hz 为单位的频率值。

STEP 7-Micro/WIN SMART
编程软件应用与仿真

【项目案例】

设置计算机与可编程控制器的通信参数，用 STEP 7-Micro/WIN SMART 编程软件创建项目，编写简单梯形图程序并进行上传和下载。

【项目分析】

梯形图程序需要用到 STEP 7-Micro/WIN SMART 编程软件，内容包括软件安装及操作技巧、项目创建、程序下载、调试、运行监控以及 PLC 与计算机通信等环节。程序正确与否可进行仿真验证。

【学习目标】

一、知识目标

① 了解 STEP 7-Micro/WIN SMART 编程软件的操作界面功能及应用技巧。

② 掌握计算机与 PLC 通信参数的设置方法。

③ 掌握用户程序的创建、运行、监控以及调试等步骤。

二、能力目标

① 能够根据操作系统的不同，安装好 STEP 7-Micro/WIN SMART 编程软件。

② 熟悉计算机与 PLC 的通信步骤，掌握程序的上传和下载方法。

③ 掌握仿真软件的使用方法。

三、思政目标

① 培养学生在软件学习中的耐心与细致，尽可能熟练应用。

② 敢于实践、勇于实践、勤于钻研。

③ 上课点名，让学生了解社会主义核心价值观——诚信，培养守信、说老实话、办老实事、做老实人的观念。

任务 2.1 认识编程软件安装与界面功能

STEP 7-Micro/WIN SMART 软件是德国西门子公司开发的功能强大的编程软件。该软件用于 S7-200 SMART 系列 PLC 的程序编写，支持 3 种语言模式：梯形图、语句表和功能图。该软件界面友好，融入了更多的人性化设计，可大幅提高用户程序开发效率。软件可以从西门子公司官网下载获得。

2.1.1　编程软件的安装

STEP 7-Micro/WIN SMART 有多个版本，典型的版本包括 V2.0、V2.3、V2.4 及最新的 V2.5 等。V2.0 可以在 Windows XP SP3/Windows 7 上运行。以目前高版本的 STEP 7-Micro WIN SMART V2.4 版为例，操作系统可以是 32 位和 64 位的 Windows 7 或 64 位的 Windows 10（最好采用专业版），软件大约为 290MB。双击 set-up.exe 图标开始安装，使用默认的简体中文安装语言。SMART 软件的安装相对较简单，几乎兼容所有系统，只是在安装过程中需要将杀毒软件退出，以避免阻止必要的启动项导致安装失败或者通信问题。

特别提示：如果安装高版本 V2.4 之前，计算机前期已经安装了其他的版本，比如 V2.2、V2.3 等，在双击 setup.exe 图标后执行的是卸载工作，只有把之前版本的软件卸载后，才能开始新版本的安装。STEP 7-Micro/WIN SMART 安装完成后打开的软件主界面如图 2-1 所示。

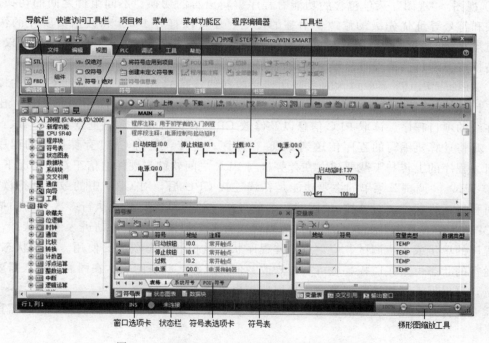

图 2-1　STEP 7-Micro/WIN SMART 软件主界面

2.1.2　软件窗口界面功能简介

（1）项目的基本组件

① 程序块包括主程序（OB1）、子程序和中断程序，统称为 POU（Programming Organization Unit，程序组织单元）。

② 数据块用于给存储器赋初值。

③ 系统块用于硬件组态和设置参数。

④ 符号表用符号来代替存储器的地址，使程序更容易理解。

⑤ 状态图表用来监视、修改和强制程序执行时指定的变量的状态。

（2）快速访问工具栏

显示在菜单选项卡的正上方，也可自定义工具栏上的命令按钮。通过快速访问文件按钮可简单快速地访问"文件"菜单的大部分功能及最近打开的文档。右键单击菜单功能区，可以"自定义快速访问工具栏"。

（3）菜单栏

菜单栏包括 7 项：文件、编辑、视图、PLC、调试、工具和帮助。鼠标单击每一项，即可呈现带状（又叫平铺式）菜单。可右击鼠标选择"最小化功能区"，将带状菜单栏隐藏。

① 文件 "文件"菜单主要包含对项目整体的编辑操作，以及上传/下载、打印、保存和对库文件的操作。该菜单应重点掌握导出功能，可以导出一个 POU 文件供仿真软件用。

② 编辑 "编辑"菜单主要包含对项目程序的修改功能，包括剪贴板、插入、删除程序对象以及搜索功能。

③ 视图 "视图"菜单包含的功能有程序编辑语言的切换、不同组件之间的切换显示、符号表和符号寻址优先级的修改、书签的使用，还可以打开 POU 和数据页属性的快捷方式。重点掌握 LAD（梯形图）与 STL（语句表）之间的相互转换；"仅符号"与"仅绝对"之间转换可看到切换编程时符号注释是否显示。

④ PLC "PLC"菜单包含的主要功能是对在线连接的 S7-200 SMART CPU 的操作和控制，比如控制 CPU 的运行状态、编译和传送项目文件、清除 CPU 中项目文件、比较离线和在线的项目程序、读取 PLC 信息以及修改 CPU 的实时时钟。应重点掌握下载、上传：下载，是将计算机编写的程序传送到 CPU 存储区；上传：是将 CPU 存储区中的程序导回计算机。程序的上传与下载要建立在计算机与 PLC 之间软件与硬件通信正常的情况下。

⑤ 调试 "调试"菜单的主要功能是在线连接 CPU 后，对 CPU 中的数据进行读/写和强制对程序运行状态进行监控。"调试"菜单里的"执行单次"和"执行多次"的扫描功能是指 CPU 从停止状态开始执行一个扫描周期或者多个扫描周期后自动进入停止状态，常用于对程序的单步或多步调试。应重点掌握程序状态监控和状态图表的使用。程序状态监控：程序运行的状态可直接监控，也可右击修改数值和状态；状态图表：在图表中输入需要监控的变量，可根据需要切换数据类型，可以监控也可修改为新值。

注意：打开监控后程序的编辑、上传、下载、系统块等功能被限制使用，关闭监控即可恢复。

⑥ 工具 "工具"菜单主要包含向导和相关工具打开的快捷方式以及 STEP 7-Micro/WIN SMART 软件的选项。重点注意"工具"和"选项"。工具：运动控制面板和 PID 控制面板，可以辅助调试使调试更直观；选项：对软件显示界面进行设置，如字体、显示大小等。可按照自己的使用习惯进行设置。

⑦ 帮助 "帮助"菜单包含软件自带帮助文件打开的快捷方式和西门子公司支持网站的超级链接以及当前的软件版本。帮助功能的使用有如下几种方法。

a. 在线帮助：单击选中的对象后按 F1 键。

b. 用"帮助"菜单获得帮助。单击"帮助"菜单功能区的"帮助"按钮，打开在线帮助窗口。

• 用目录浏览器寻找帮助主题。双击索引中的某一关键词，可以获得有关的帮助。

• 在“搜索”选项卡输入要查找的名词，单击“列出主题”按钮，将列出所有查找到的主题。

• 计算机联网时单击“帮助”菜单功能区的“支持”按钮，打开西门子公司的全球技术支持网站。

(4) 项目树

编辑项目时，项目树非常重要。项目树可以显示，也可隐藏，也可放在项目树边界，可自由调节其宽度。如果项目树未显示，可以按照以下步骤显示项目树：单击菜单栏上的“视图→窗口→组件→项目树”。另外，在项目树的右上角有“ ”图标，单击该图标就会自动隐藏项目树；右键单击它，可取消“自动隐藏”选项。

(5) 导航栏

导航栏在项目树上方，有 6 个功能按钮，从左向右依次为符号表、状态图、数据块、系统块、交叉引用、通信。单击任意一个按钮，可打开对应对话框进行编辑操作和设置。

① 符号表　对数字输入/输出及模拟输入/输出进行注释，必须在 I/O 符号表中，最好在编程前进行注释，编好程序后需要修改符号则必须将程序切换成“仅绝对”的显示方式。符号表界面如图 2-2 所示。

	符号	地址	注释
1	CPU_输入0	I0.0	
2	CPU_输入1	I0.1	
3	CPU_输入2	I0.2	
4	CPU_输入3	I0.3	
5	CPU_输入4	I0.4	
6	CPU_输入5	I0.5	
7	CPU_输入6	I0.6	
8	CPU_输入7	I0.7	

图 2-2　符号表

a. 系统符号：查看系统提供的特殊存储区地址的符号，通常不作修改。

b. POU 符号：查看主程序、子程序、中断程序的符号。

② 状态图表　状态图表是在调试程序时对内部存储区数据进行监控及修改的窗口，以便找出程序运行中出现的问题所在。当然，前提是计算机已经与 S7-200 SMART CPU 建立了连接。打开状态图表后，在地址栏可以自由监控所需要的地址，可以在里面输入想监控或修改的地址。

③ 数据块　也叫数据窗口，可以设置和修改变量存储区内各种类型存储区的一个或者多个变量值，并可以加注释说明，允许用户显示和编辑数据块内容。编写程序时为程序赋初始值，如机械运行参数的经验值，可对机械操作人员起指导作用。数据块界面如图 2-3 所示。

数据有 2 种书写格式。

a. 单个赋值：地址＋空格＋数值。

b. 多个赋值：地址＋空格＋数值＋逗号＋数值，如图 2-3 中为 VW4＝200，VW6＝300，VW8＝400，自动按照前面的地址和寻址方式类推。

图 2-3　数据块界面

注释：需要对数据块进行文字注释，则输入"//"，其后面的文字即视为注释类文字。

④ 系统块　系统块是对外部连接的硬件属性进行设置，必须手动设置，设置好后系统才能分配地址。系统块界面如图 2-4 所示。应设置正确的 CPU 型号，下载时检测 CPU 型号，不匹配会报警提示。

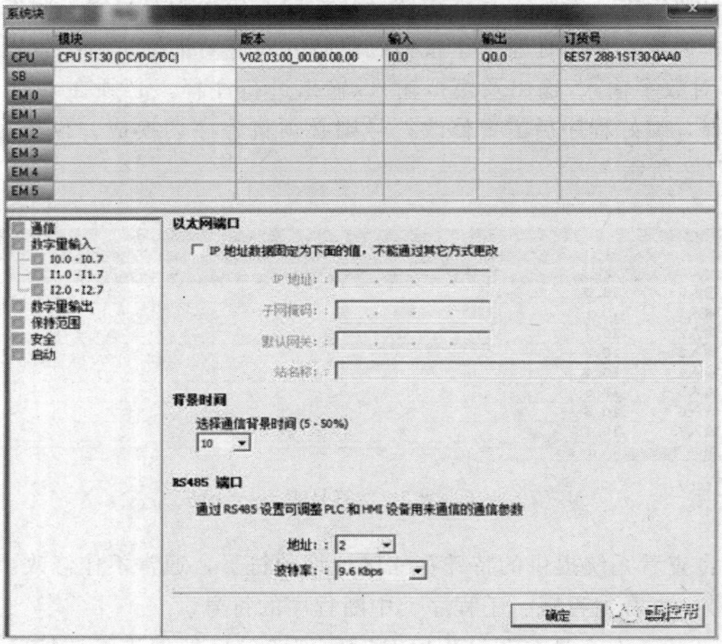

图 2-4　系统块界面

⑤ 交叉引用　列出程序中使用的各编程元件所有的触点、线圈所在的程序块以及对应的指令助记符；还可查看已经被使用的存储区，看出其是作为字节、字、双字还是位使用；可批量查看编程过程中应用的地址，避免后续使用过程中重复使用。交叉引用选项、字节使用选项和位使用选项的界面如图 2-5 所示。

a. 交叉引用选项：可以查看编程时用到的元素所在的程序块、程序段及操作指令等详细信息。调试程序时可能需要增加、删除或者编辑参数。使用"交叉引用"选项窗口查看程序中参数当前赋值情况，防止无意间重复赋值。使用交叉引用前需进行编译。

b. 字节使用选项：以字节表的形式查看使用的地址，并能显示出所用的格式。

c. 位使用选项：可以显示内部位存储器（M）、顺序控制继电器（S）的一个字节中被

图 2-5　交叉引用选项、字节使用选项和位使用选项的界面

占用的位。

　　注意：通过上述 3 种查看方式可以很方便地查看用过的地址，但是已经重复使用的地址则无法识别，所以在不确定地址是否已经被占用前应进入"交叉引用"选项窗口查看，以确保地址不会重复使用，否则运行程序时可能出错。

　　⑥ 通信　用户通过计算机编写程序，设置某些参数，以实现与 PLC 的有效连接。

（6）状态栏

　　状态栏位于窗口底部，能提供项目执行操作时的相关信息。在编辑模式时，显示编辑信息：简要状态说明、当前程序段编号、当前编辑器光标位置、当前编辑模式［插入（INS）或覆盖（OVR）］。窗口右下角有梯形图缩放工具，可以通过左右拖动改变梯形图的大小。在编辑区按住 Ctrl 键，同时滑动鼠标滚轮也可实现梯形图的缩放。

（7）程序编辑器

　　程序编辑器是编写和编辑程序的区域，打开程序编辑器有 2 种方法。

　　方法 1：单击菜单栏中"文件"→"新建"（或者"打开"按钮），可以打开 STEP 7-Micro/WIN SMART 项目。

　　方法 2：在左侧项目树中，打开"程序块"文件夹，然后双击"主程序、子程序或中断"这三个分支展开图中的一个即可。

　　特别提示：在程序编辑器中编写用户程序时，使用快捷键可以加快编程速度，提高效率。

　　常用功能及快捷键如下所示。

　　① 插入行：Ctrl＋I。

　　② 插入程序段：F3。

　　③ 删除程序段：Shift＋F3。

　　④ 向下插入分支：Ctrl＋↓。

　　⑤ 插入水平线：Ctrl＋→，也可用于插入列。该功能也可将元素向右推一格，用 Insert 键还可切换成替换元素。

　　⑥ 输入类指令集：F4。

　　⑦ 输出类指令集：F6。

⑧ 复杂指令集：F9。

注意：在同一程序段用鼠标直接拖动为移动，按住 Ctrl 键拖动为复制；在不同程序段间用鼠标拖动为复制。

特别提示：程序编辑区进行程序编辑过程中，软件本身具有简单的语法检查功能，能够在程序错误行处添加红色曲线进行标注，利用此功能可以避免语法和数据类型错误。

任务 2.2　程序的编写与下载

Win10 系统计算机与 PLC 通信

2.2.1　创建项目的步骤

第一步，创建项目或打开已有的项目，可打开 S7-200 SMART 的项目。

第二步，硬件组态设置。硬件组态是在系统块中对所选用的设备进行组态，可以选择 CPU 型号、信号板（SB）、扩展模块（EMXX）等。双击项目树上方的 CPU ST40 选项，打开"系统块"对话框，在对话框中选择实际使用的 CPU 类型，系统块的硬件组态设置如图 2-6 所示。

	模块	版本	输入	输出	订货号
CPU	CPU ST40 (DC/DC/DC)	V02.03.00_00.00.00.00	I0.0	Q0.0	6ES7 288-1ST40-0AA0
SB	SB CM01 (RS485/RS232)				6ES7 288-5CM01-0AA0
EM 0	EM DT16 (8DI / 8DQ Transistor)		I8.0	Q8.0	6ES7 288-2DT16-0AA0
EM 1	EM DT32 (16DI / 16DQ Transistor)		I12.0	Q12.0	6ES7 288-2DT32-0AA0
EM 2	EM DR16 (8DI / 8DQ Relay)		I16.0	Q16.0	6ES7 288-2DR16-0AA0
EM 3	EM AM06 (4AI / 2AQ)		AIW64	AQW64	6ES7 288-3AM06-0AA0
EM 4	EM AE04 (4AI)		AIW80		6ES7 288-3AE04-0AA0
EM 5					

图 2-6　系统块的硬件组态设置

用系统块生成一个与实际的硬件系统相同的系统，设置各模块和信号板的参数。硬件组态给出了 PLC 输入/输出点的地址，为设计用户程序打下了基础。

第三步，编写程序。成功新建项目或打开已有项目后，主程序编辑界面会自动打开。下面以梯形图语言为例介绍用户程序的建立过程。

① 插入第 1 个触点　单击程序编辑器中程序段 1 中的向右箭头，单击快速工具栏上的"插入触点"快捷按钮，选择插入一个常开触点。在地址下拉列表中选择"CPU 输入 0"，也可以自己输入编号后按 Enter 键，如图 2-7 所示。

图 2-7　程序编辑器中插入第 1 个触点

② 插入第 2 个触点　与第 1 个触点之间是"或"的关系。单击选中常开触点下方的空白区域，然后展开左侧指令树中的"位逻辑"文件夹，双击第 1 个"常开触点"指令，将其添加到预先指定的位置。当然，用户也可以通过拖拽和释放的方式添加功能元件。在程序编

辑器中插入第 2 个触点的操作界面如图 2-8 所示。

③ 合并能流 单击并选中第 2 行的新元件,单击快速工具栏插入向上垂直线,可将 2 个元件并联;或者按 "Ctrl＋↑",向上插入垂直线,触点并联操作界面如图 2-9 所示。

④ 添加线圈 在指令树的 "位逻辑" 指令集中找到线圈指令并单击选中,然后按住鼠标左键,将其拖拽到能流最右侧的双箭头位置,松开鼠标,即添加一个线圈到程序段 1 的末端,如图 2-10 所示。之后,为线圈指令选择地址 "CPU 输出 0"。

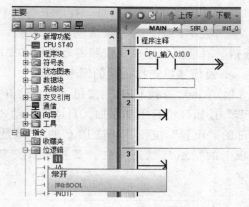

图 2-8 在程序编辑器中插入
第 2 个触点的操作界面

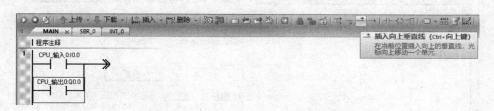

图 2-9 触点并联操作界面

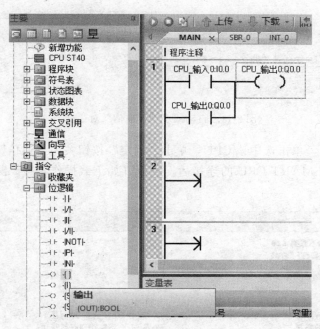

图 2-10 添加输出线圈

特别提示:编写用户程序时,在程序编辑区输入编程器件,可以在选择编程元件类型时按下对应的快捷键 F4、F6、F9 来快速调用所需要的编程元件或功能指令。

⑤ 检查编译 程序编写完成后,可以单击工具栏上的 "编译" 按钮,编译程序。输出

窗口显示出错误和警告信息。程序下载到 PLC 之前，软件也会自动地对程序进行编译。

⑥ 项目下载　通过以太网方式下载：选择"文件"→"下载快捷方式"选项，打开"通信"对话框，用户要按照需要进行必要的操作设置。

a. 通信接口选择正确的网卡。

b. 单击"查找 CPU"按钮，可自动查找 CPU；如果自动查找不成功，也可单击"添加 CPU"按钮，进行手动添加。自动或手动"通信"对话框如图 2-11 所示。可以单击对话框右部的"设置"按钮，调整 PLC 的 IP 地址，完成后单击"闪烁指示灯"按钮，观察 PLC 面板上的指示灯状态（红、黄指示灯交替闪烁）来确定计算机与 PLC 之间的通信是否建立。

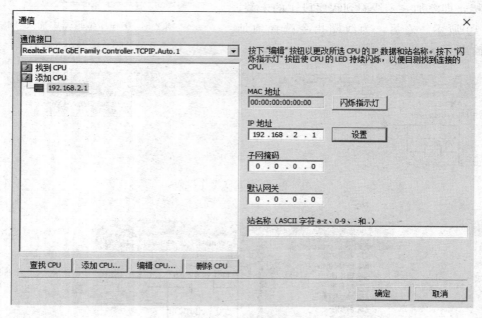

图 2-11　自动或手动"通信"对话框

c. 找到 CPU 后，单击选中该 CPU，单击"确定"按钮关闭"通信"对话框。成功建立了计算机与 S7-200 SMART CPU 的连接后，可以开始下载操作，"下载"对话框如图 2-12 所示。

图 2-12　"下载"对话框

注意：如果 CPU 在运行状态，Micro/WIN SMART 会弹出提示对话框，提示将 CPU 切换到 STOP 模式，单击"YES"按钮。下载成功后，"下载"对话框会显示"下载已成功完成"，单击"关闭"按钮关闭对话框，即可完成下载，"下载"完成界面如图 2-13 所示。

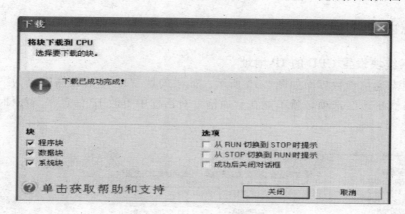

图 2-13 "下载"完成界面

⑦ 在线监控 如果下载之前 CPU 处于停止状态，那么监控之前首先需要将 CPU 切换到运行状态。可单击程序编辑界面上方或者 PLC 菜单功能区中的绿色三角形"RUN"按钮即可切换。CPU 进入运行状态后，可以通过单击程序编辑界面上方的"程序状态"按钮，在线监控程序的运行状态。运行程序与程序状态监控界面如图 2-14 所示。

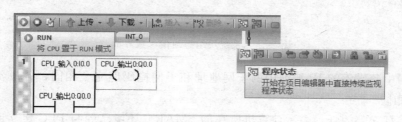

图 2-14 运行程序与程序状态监控界面

特别提示：梯形图中的一个程序段只能有一块不能分开的独立电路。语句表允许将若干个独立电路对应的语句放在一个网络中，这样的程序段不能转换为梯形图。

2.2.2 以太网的基础知识

① 以太网 用于 S7-200 SMART 与编程计算机、人机界面和其他 S7 PLC 的通信。

② MAC 地址 MAC（Media Access Control Address，媒体存取控制地址），是以太网端口设备的物理地址，6 字节的十六进制数，用短划线分隔，例如 00-05-BA-CE-07-0C，前 3 个字节是网络硬件制造商的编号。

③ IP 地址 由 4 字节十进制数组成，用小数点分隔。S7-200 SMART CPU 出厂时默认的 IP 地址为 192.168.2.1。为了保持计算机与 PLC 之间的正常通信，计算机网卡的 IP 地址必须也要设置为在一个网段：192.168.2.X（X 为 2～255 之间）。

④ 子网掩码 由 4 字节组成，高位是连续的 1，低位是连续的 0，子网掩码将 IP 地址划分为子网地址和子网内的节点地址。默认的子网掩码为 255.255.255.0。

⑤ 网关　又称网间连接器、协议转换器，是一个网络连接到另一个网络的"关口"。网关在传输层上用以实现网络互联，是最复杂的网络互联设备，仅用于两个高层协议不同的网络互联。

如果计算机安装的是 Windows 10 操作系统，与 PLC 通信时，IP 地址采用自动获取。

2.2.3　组态以太网地址

（1）用系统块设置 CPU 的 IP 地址

系统块组态通信参数界面如图 2-15 所示。如果勾选"IP 地址数据固定为下面的值，不能通过其它方式更改"选项，就不能在"通信"对话框中更改 IP 信息。"背景时间"一般采用默认值。

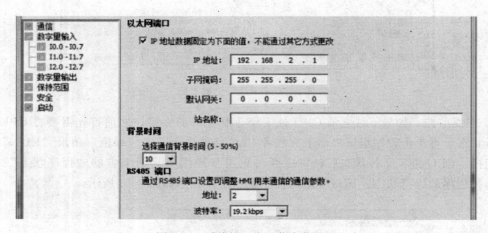

图 2-15　系统块组态通信参数界面

同一子网中各设备的 IP 地址中的子网地址和子网掩码应完全相同，各设备的子网内的 IP 地址不能相同。

如果指示灯交替闪烁，表示计算机所在的 SMART 环境已经与 PLC 建立连接，还需要对"系统块"进行设置，以便计算机所在的 SMART 环境能编译产生正确程序代码文件，并下载到 PLC 内才可以调试运行。系统块选择对应 CPU 型号对话框如图 2-16 所示。

特别提示：在操作系统运行对话框中，输入 CMD 按 Enter 键，再输入 IPCONFIG，按 Enter 键，然后用 ping 命令检查计算机与 PLC 的通信是否建立：ping 192.168.2.1，如果能 ping 通说明连接成功。

（2）用"通信"对话框设置 CPU 的 IP 地址

用"网络接口卡"列表设置使用的以太网网卡，单击"查找 CPU"按钮，显示出网络上所有可访问的设备的 IP 地址。"闪烁指示灯"按钮用来确认谁是选中的 CPU。"通信"对话框设置界面如图 2-17 所示。

特别提示：通信连接建立起来之后，下一步要做的就是进行硬件组态，将实际使用的 CPU 型号组态到所编写的程序中，如果不进行硬件组态，在程序下载时，系统会提示所编写的程序与实际 CPU 不匹配。在程序编写完成之后，需要单击"编译"按钮，来进行程序的编译，主要是检测所编写的程序是否存在错误。编译完成之后，若无错误，就可以进行程序的下载。

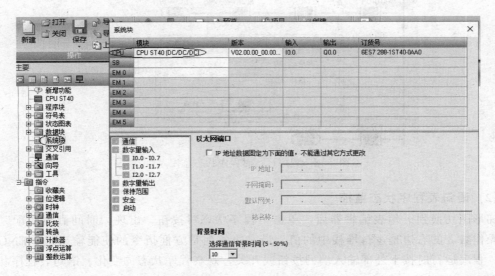

图 2-16　系统块选择对应 CPU 型号对话框

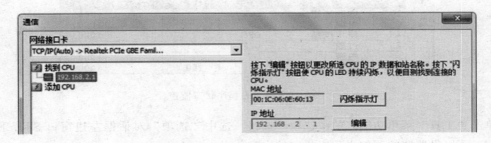

图 2-17　"通信"对话框设置界面

任务 2.3　编程软件的监控与调试

PLC 只有处在运行工作方式下，才可以启动程序的状态监控。在程序调试中，经常采用程序状态监控、状态图表监控和趋势视图监控 3 种监控方式反映程序的运行状态。

2.3.1　用程序状态监控功能调试程序

(1) 梯形图程序状态监控

将程序下载到 PLC 后，单击工具栏上的 ![按钮] 按钮，或执行菜单"调试"→"开始程序状态监控"，都可以实现启用程序状态监控功能。

梯形图中蓝色表示带电触点、线圈接通；红色方框表示指令执行出错；灰色表示无能流、指令被跳过、未调用或处于 STOP 模式。通过施加外部输入（开关、按钮等），可以模拟程序的实际运行，观察程序状态的变化，检验编写的程序是否正确。程序运行时程序状态监控界面如图 2-18 所示，可执行右键快捷菜单中的"强制""写入"等命令。

31

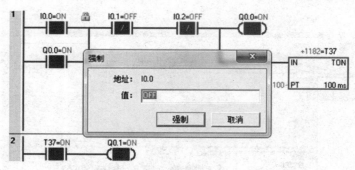

图 2-18 程序运行时程序状态监控界面

（2）语句表程序状态监控

梯形图切换到语句表编辑器后，单击"程序状态"按钮，出现"时间戳不匹配"对话框。操作数 3 的右边是逻辑堆栈中的值。最右边的列是方框指令的使能输出位（ENO）的状态。程序运行时按下外部输入端的按钮或开关，观察程序状态的变化。语句表程序状态监控如图 2-19 所示。

1			操作数 1	操作数 2	操作数 3	0123	中
	LD	启动按钮	OFF			0000	0
	O	电源	ON			1000	1
	AN	停止按钮	OFF			1000	1
	AN	过载	OFF			1000	1
	=	电源	ON			1000	1
	TON	启动延时，100	+33	100		1000	1

图 2-19 语句表程序状态监控

单击"工具"菜单功能区的"选项"按钮，选中"选项"对话框左边窗口 STL 下面的"状态"，可以设置监控语句表程序状态的内容。

2.3.2 用状态图表监控功能调试程序

在 Step 7-Micro/WIN SMART 中，要对变量进行监控和修改，要使用"状态图表"。在程序运行时，可用状态图表来读、写、强制和监控 PLC 中感兴趣的变量。

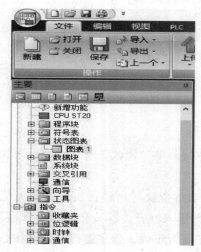

图 2-20 打开状态图表界面

（1）打开状态图表

双击指令树的"状态图表"文件夹中的"图表 1"，或单击导航栏上的按钮，打开状态图表。右键单击【状态图表】也可创建新的图表。打开状态图表界面如图 2-20 所示。

打开状态图表后，可以在里面输入想监控或修改的地址。当然，前提是计算机已经跟 S7-200 SMART CPU 建立了连接。

（2）启动和关闭状态图表

单击工具栏上的"图表状态"按钮，可启动或关闭状态图表的监控功能。

（3）修改状态图表中的值

程序运行时，打开某个程序的状态图表界面如图 2-21 所示。

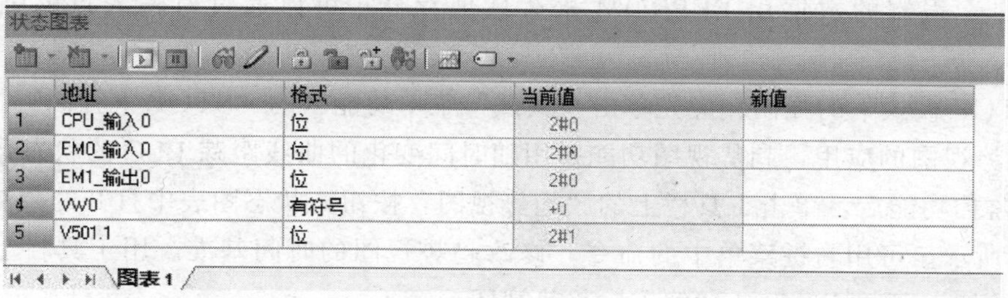

图 2-21   某个程序的状态图表界面

从图 2-21 中可以看出，VW0 的当前值为 0。假设需要将其值修改为 190，可以在【新值】一栏中输入 190，然后单击上面的"写入"按钮（铅笔形状），将新值 190 写入 CPU 界面如图 2-22 所示。

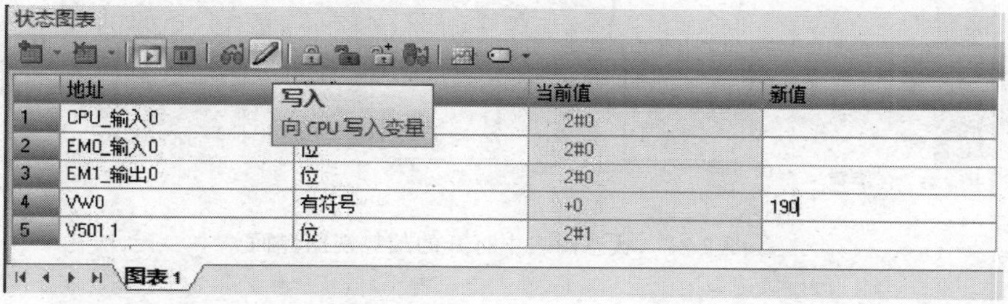

图 2-22   将新值 190 写入 CPU 界面

这样，VW0 的当前值就会被修改成 190，VW0 的当前值被修改后的界面如图 2-23 所示。

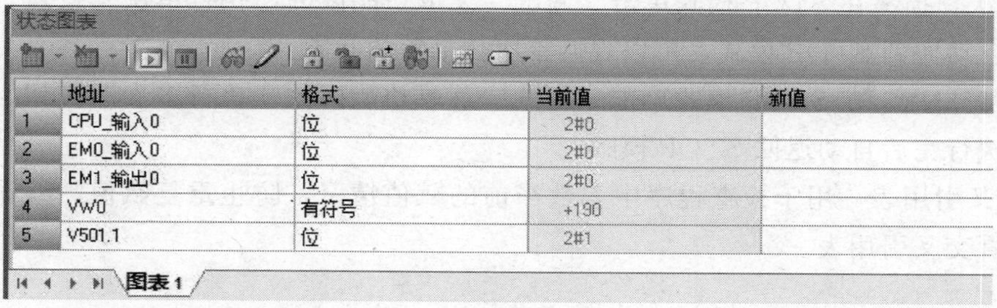

图 2-23   VW0 的当前值被修改后的界面

状态图表中的锁形按钮可以对变量进行强制。当变量被强制后，其输出值被强制为某个特定的值，不受程序运行结果的影响。开锁按钮可以解除变量的强制。

特别提示：

① 写入数据：可以将状态图表的"新值"列所有的值传送到 PLC，并在"当前值"列

显示出来。在 RUN 模式时，修改的数值可能很快被程序改写为新的数值，不能用写入功能改写物理输入点（地址 I 或 AI）的状态。

②强制的基本概念：可以强制所有的 I/O 点，还可以同时强制最多 16 个 V、M、AI 或 AQ 地址。强制的数据用 EEPROM 永久性地存储。可以通过对输入点的强制来调试程序。

③ STOP 模式下的强制：应先单击"调试"菜单功能区的"STOP 下强制"按钮。

④趋势视图的应用：趋势视图功能是用随时间变化的曲线跟踪 PLC 的状态数据。启动状态图表监控功能后，单击工具栏上的"趋势视图"按钮，状态图表中打开的趋势视图界面如图 2-24 所示。可用右键菜单中的命令，修改趋势视图的时间基准。用工具栏上的"暂停趋势图"按钮，可"冻结"或"解冻"趋势视图。

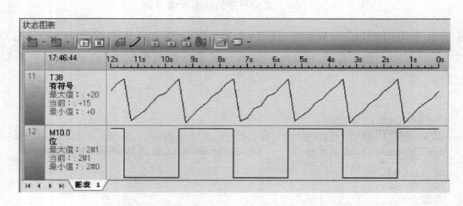

图 2-24　状态图表中打开的趋势视图界面

2.3.3　调试用户程序的其他方法

①使用书签　单击工具栏上的按钮，即可生成或删除书签。可以单击工具栏上的按钮使光标移动到下一个或上一个标有书签的程序段。

②单次扫描　在 STOP 模式单击"调试"菜单功能区的"执行单次"按钮，执行一次扫描后，自动回到 STOP 模式，可以观察首次扫描后的状态。

③多次扫描　在 STOP 模式单击"调试"菜单功能区的"执行多次"按钮，指定扫描的次数，执行完后自动返回 STOP 模式。

④交叉引用表　用于检查程序中参数当前的赋值情况，防止重复赋值。编译程序成功后才能查看交叉引用表。

任务 2.4　S7-200 系列 PLC 程序仿真

S7-200 汉化版仿真软件，不仅能仿真 S7-200 的 CPU，还能用来仿真 S7-200 SMART，可仿真数字量、模拟量扩展模块和 TD200 文本显示器。

此软件并不是所有指令都可以仿真出结果的。但是在缺少硬件 PLC 支持的情况下，可以运行仿真程序，验证所编程序的准确性，也可帮助用户解决一些难于理解的指令。

仿真软件不能直接使用 S7-200 中的用户程序，必须用"导出"功能将用户程序转换成 ASCII 码文本文件，然后再下载到仿真器中运行。下面介绍该仿真软件的使用方法。

2.4.1　仿真软件的程序仿真

下面学习用 S7-200 汉化版仿真软件仿真程序。

运行仿真演示

① 导出文本文件　用 STEP 7-Micro/WIN SMART 编程软件编写好 PLC 控制程序后，在主界面依次单击：文件→导出，在弹出的"导出程序块"对话框中，输入文件名（该文本文件的后缀名为".awl"）和保存路径，单击"保存"按钮即可。导出文本文件界面如图 2-25 所示。

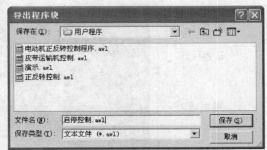

图 2-25　导出文本文件界面

② 启动仿真程序　仿真程序不需要安装，直接双击"S7-200 汉化版.exe"文件，仿真软件就完成启动，仿真软件运行主界面如图 2-26 所示。

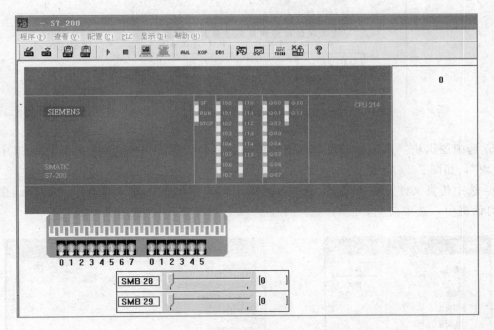

图 2-26　S7-200 仿真软件运行主界面

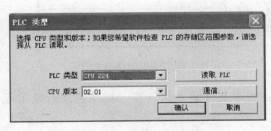

图 2-27　配置 CPU 型号

③ 选择 CPU　依次单击仿真软件菜单栏中：配置→PLC 型号，弹出"PLC 类型"对话框，选择与编程软件相对应的 CPU 型号（如 CPU 224），单击"确认"按钮即可，如图 2-27 所示。

④ CPU 224 仿真界面　CPU 224 的仿真界面如图 2-28 所示。CPU 模块下面有 14 个输

入开关，分别对应 PLC 的 14 个输入端，可以用鼠标改变其上、下位置，分别表示开关的闭合与断开。开关下面有两个模拟电位器，用于输入模拟量信号（8 位），其对应的特殊存储器字节分别是 SMB28 和 SMB29，可用鼠标拖动电位器的滑块，改变模拟量输入值（0～255）。双击扩展模块的空框，在弹出的对话框中选择扩展模块的型号，也可添加或删除扩展模块。

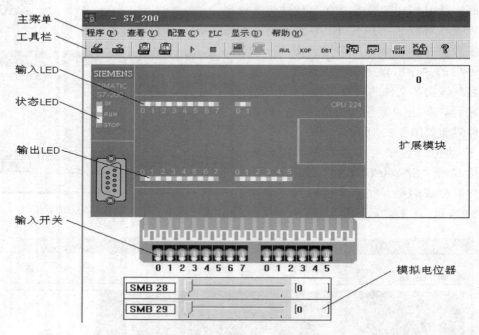

图 2-28　CPU 224 的仿真界面

⑤ 选中逻辑块　依次单击菜单栏中：程序→装载程序，在"装载程序"对话框中选中"逻辑块"，如图 2-29 所示。

⑥ 选中仿真文件　在图 2-29 中单击"确定"按钮，就进入"打开"对话框。在"打开"对话框中，选中前期导出的"启停控制"文件并打开，如图 2-30 所示。

图 2-29　"装载程序"对话框

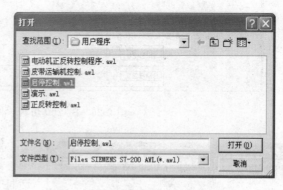

图 2-30　选中前期导出的仿真文件

⑦ 程序装入仿真器　将"启停控制"程序的文本文件装入仿真器，程序装载后显示程序块和梯形图内容，如图 2-31 所示。

⑧ 运行仿真　单击图 2-31 工具栏上的绿色运行按钮或单击菜单栏中：PLC→运行，将

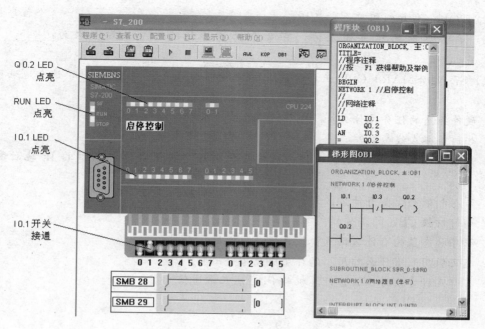

图 2-31　程序装载后显示内容

仿真器切换到运行状态。双击（间隔 1s，先通后断，模拟按钮操作）I0.1 对应的开关图标，输出 Q0.2 的 LED 灯点亮；双击（间隔 1s，先通后断，模拟按钮操作）I0.3 对应的开关图标，输出 Q0.2 的 LED 灯熄灭。仿真结果符合启/停控制逻辑，验证了所设计程序的正确性。

2.4.2　内存变量监控

在运行模式下，单击工具栏上的 ▦ 按钮，可以用程序状态功能监视梯形图中触点和线圈的状态。

单击菜单栏：查看→内存监视，在"内存表"对话框中输入变量地址，单击"开始"按钮启动监视，由于 I0.1、I0.3 和 Q0.2 都是位元件，所以接通时其值为"2#1"，断开时其值为"2#0"，运行中的内存变量监控界面如图 2-32 所示。

至此，用仿真软件运行用户程序完成。

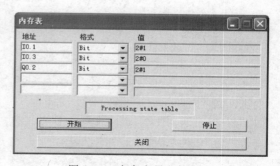

图 2-32　内存变量监控界面

思考与练习

1. 填空题

（1）STEP 7-Micro/WIN SMART 编程软件支持 3 种语言模式：＿＿＿＿＿、＿＿＿＿＿、＿＿＿＿＿。

37

（2）POU（程序组织单元）包括_____、_____、_____3个程序模块。

（3）编程界面的项目树上方，有6个功能按钮，从左向右依次为：_____、_____、_____、_____、_____、_____。

（4）S7-200 SMART CPU出厂时默认的IP地址为_____，这个地址可以编辑修改。

2. 硬件组态的任务是什么？

3. 如何获得在线帮助？

4. 为了与S7-200 SMART通信，应该按什么原则设置计算机网卡的IP地址和子网掩码？

5. 写入和强制变量有什么区别？

6. 如何切换CPU的工作模式？

7. 程序状态监控有什么优点？什么情况应使用状态图表？

8. 交叉引用表有什么作用？怎样生成交叉引用表？

9. 有哪几种方法可以验证计算机与PLC能正常通信？

S7-200 SMART编程基础认知

【项目案例】

PLC 对物理输入、输出的控制过程。

【项目分析】

如图 3-1 所示为 PLC 对输入和输出控制的简图，说明一个接触器如何与 PLC 控制联系起来。在本例中，电动机启动开关的状态和其他输入点的状态结合在一起，它们计算的结果，最终决定了执行机构启动电动机的输出点状态。CPU 读取输入 I0.0、I0.1 状态，执行 CPU 中存储的用户程序，如定时、计数等控制逻辑，程序的运行结果对 CPU 进行数据刷新，然后 CPU 将数据写到 PLC 的输出端口，控制执行部件实行控制功能。

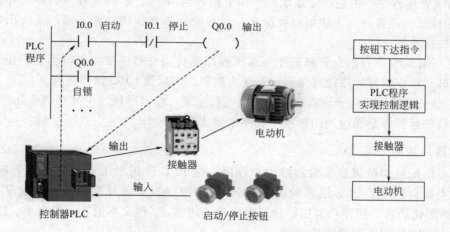

图 3-1　PLC 对输入和输出控制的简图

【学习目标】

一、知识目标

① 了解 PLC 的数据类型与数据寻址方式。

② 了解定时器、计数器的指令类型和功能。

③ 掌握 S7-200 SMART 的基本指令及用法。

二、能力目标

① 掌握梯形图的编程规则。

② 掌握基本输入、输出指令的应用。

③ 掌握定时器、计数器指令的典型应用案例。

三、思政目标

① 程序设计需要一定的逻辑思维并付出艰苦的脑力劳动，学生要想学好编程，就要克服畏难情绪，崇尚技术，敬畏职业。

② 从事程序设计工作，除了要培养自己耐心、细致的工作作风，还要具备善于思考、敢于实践的精神。

任务 3.1 认识 S7-200 SMART PLC 的软件系统与程序结构

S7-200 SMART PLC 软件系统包括系统程序和用户程序（编程软件），也具有自己的程序结构。

3.1.1 S7-200 SMART PLC 的软件系统

(1) 系统程序

系统程序由 PLC 的制造商编制，固化在 EPROM 或 PROM 中，包括以下三个部分。

① 系统管理程序 由它决定系统的工作节拍，包括 PLC 运行管理（各种操作的时间分配安排）、存储空间管理（生成用户数据区）和系统自诊断管理（如电源、系统出错、程序语法和句法检验等）。

② 用户编辑程序和指令解释程序 编辑程序能将用户程序变为内码形式以便于程序的修改、调试。指令解释程序能将编程语言变为机器语句以便 CPU 操作运行。

③ 标准子程序与调用管理程序 为提高运行速度，在程序执行中某些信息处理（如 I/O 处理）或特殊运算等是通过调用标准子程序来完成的。

(2) 用户程序

根据系统配置和控制要求编制的用户程序，是 PLC 应用于工业控制的一个重要环节。国际电工委员会制定了 PLC 语言的国际标准，即 IEC 61131-3 标准。该标准规定了 5 种语言：3 种图形化语言，顺序功能图、梯形图和功能块图；2 种文本语言，指令表、结构文本。在我国，大多数使用者习惯用梯形图。

① 顺序功能图（Sequential Function Chart，SFC） 顺序功能图用来编制顺序控制程序，将在项目 5 中详细介绍。

② 梯形图（Ladder Diagram，LAD） 梯形图是与电气控制线路相对应的图形语言。电气控制电路程序与梯形图程序对比如图 3-2 所示。

梯形图按照自上而下、自左向右的顺序排列，最左边的竖线为母线，中间按照一定控制规则和要求连接各个元件，最后以线圈和指令盒结束，这称为"网络行"或"逻辑行"，形似梯子。程序被划分为若干个程序段，一个程序段只能有一块独立电路。触点接通时有"能流"流过线圈。"能流"只能从左向右流动。线圈代表逻辑运算输出结果，"能流"到，线圈被激励。除了触点、线圈等元件外，还有功能指令盒，指令盒表示某种特定功能的指令，如定时、计数和运算等。

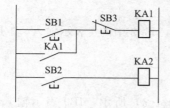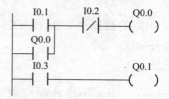

图 3-2　电气控制电路程序与梯形图程序对比

③ 功能块图（Function Block Diagram，FBD）　功能块图类似于数字逻辑电路，没有梯形图中的触点和线圈，程序逻辑由功能框之间的连接决定，能流自左向右流动。不过国内很少有人使用功能块图。

④ 指令表（Instruction List，IL）　西门子 S7 系列 PLC 又称其为语句表（Step Ladder Instruction），简称 STL。STL 语句表类似于计算机汇编语言，程序由指令组成，适合程序设计经验丰富的程序员使用。

⑤ 结构文本（Structured Text，ST）　结构文本是为 IEC 61131-3 标准创建的一种专用的高级编程语言。

S7-200 SMART PLC 的编程软件 STEP 7-Micro/WIN SMART 指令集只提供梯形图、功能块图和语句表 3 种编程语言。梯形图中输入信号（触点）与输出信号（线圈）之间的逻辑关系一目了然，易于理解。设计复杂的数字量控制程序时建议使用梯形图语言。语句表程序输入方便快捷，可以为每条语句加上注释，便于复杂程序的阅读。

3.1.2　S7-200 SMART PLC 的程序结构

S7-200 SMART 与 S7-200 的指令基本上相同。程序结构包含 3 部分：用户程序块、数据块和参数块（系统块）。而用户程序包括主程序、子程序和中断程序 3 部分。程序结构如图 3-3 所示。

① 主程序（OB1）是程序的主体，每次扫描都要执行主程序。每个项目都必须有且只能有一个主程序。

② 子程序是程序的可选部分，仅在被调用时执行。使用子程序可简化程序代码、减少扫描时间。

③ 中断程序是程序的可选部分，用来及时处理不能事先预测何时发生的中断事件。只有中断事件发生时，才能由 PLC 的操作系统调用中断程序并被执行。

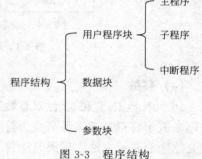

图 3-3　程序结构

任务 3.2　学习 S7-200 SMART PLC 的数据类型与数据寻址方式

3.2.1　PLC 的数据表达形式

在计算机中使用的都是二进制数，其最基本的存储单位是位（bit），8 位二进制数组成 1 个字节（Byte），PLC 是一种工业计算机，数据格式也遵循这一规则。

（1）位

二进制位（bit）的数据类型为 BOOL（布尔）。I3.2 中的 I 表示输入，3 是字节地址，2 是字节中的位地址（0～7）。

（2）字节

一个字节（Byte）由 8 个位数据组成。如图 3-4（a）所示，IB0 表示输入继电器第 0 个字节，IB0 由 I0.0～I0.7 这 8 位组成，其中第 0 位是最低位，第 7 位是最高位。

（3）字和双字

相邻的两个字节组成一个字（Word），字长为 16 位；相邻的两个字或 4 个字节组成一个双字（Double Word），双字长度为 32 位。

图 3-4（b）中 IW0 表示一个字，由 IB0 和 IB1 个字节组成，这 2 个字节的地址必须连续，其中低位字节是高 8 位，高位字节是低 8 位。

图 3-4（c）中 ID0 表示一个双字，由 IB0、IB1、IB2、IB3 四个字节组成，这四个字节的地址也必须连续，其中 IB0 是最高 8 位，IB1 是高 8 位，IB2 是低 8 位，IB3 是最低 8 位。

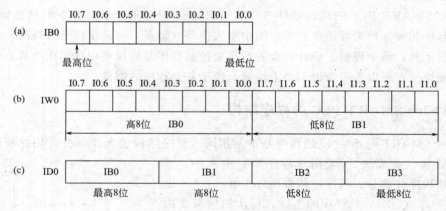

图 3-4　PLC 中字节、字与双字的数据表示

（4）整数

16 位整数 INT 和 32 位双整数 DINT 都是有符号数，最高位为符号位。通常用二进制数补码来表示有符号数，最高位为符号位，最高位为 0 时是正数，为 1 时是负数。负数的原码就是原来的表示方法，反码是除符号位（最高位）外取反，补码＝反码＋1。正数补码是它本身，最大的 16 位二进制正数为 0111 1111 1111 1111（32767）。将正数补码逐位取反后加 1 得到绝对值与它相同的负数的补码。

（5）浮点数

32 位浮点数（REAL，实数）可以表示为 $1.m \times 2^e$，指数 e 为 8 位正整数。第 0～22 位是尾数的小数部分 m，第 23～30 位是指数部分 e。在编程软件中，用小数表示浮点数。

（6）ASCII 码字符

美国信息交换标准代码。用单引号表示，例如 'AB12'。

（7）字符串

字符串的数据类型为 STRING，由若干个 ASCII 码字符组成，第一个字节是字符串的长度（0～254），后面的每个字符占一个字节。字符串用双引号表示，例如"LINE2"。

3.2.2　PLC 的数据寻址方式

CPU 将信息存储在不同的存储器单元中，每个单元都有地址。CPU 使用数据地址访问所有的数据，称为寻址。数字量和模拟量输入/输出点、中间运算数据等各种数据具有各自的地址定义方式。大部分指令都需要指定数据地址。在 S7-200 SMART 系统中，可以按位、字节、字和双字对存储单元寻址。CPU 对存储单元的寻址方式有 2 种，即直接寻址和间接寻址。

（1）直接寻址

① 位直接寻址　在 S7-200 SMART 系统中，可以按照位、字节、字和双字对存储单元寻址。如要访问存储区的某 1 位，则必须指定地址，包括存储器标识符、字节地址和位号。图 3-5 是一个位寻址的例子（也称为"字节.位"寻址）。在这个例子中，存储器区、字节地址（I＝输入，3＝字节 3）之后用点号（"."）来分隔位地址（第 4 位），而 IB3 就是字节。字节中对位的寻址如图 3-5 所示。

图 3-5　字节中对位的寻址

② 字节、字和双字寻址　若要访问 CPU 中的一个字节、字或双字数据，则必须以类似位寻址的方式给出地址，包括存储器标识符、数据大小以及该字节、字或双字的起始字节地址，如图 3-6 所示。使用这种寻址方式，可以按照字节、字或双字来访问许多存储区（V、I、Q、M、S、L 及 SM）中的数据。

可以看出，VW100 包括 VB100 和 VB101；VD100 包括 VW100 和 VW102，即 VB100、VB101、VB102、VB103 这 4 个字节。

字节、字和双字都是无符号数，它们的数值用 16♯表示。当涉及多字节组合寻址时，遵循"高地址、低字节"的规律。如果将 16♯AB（十六进制数值）送入 VB100，16♯CD 送入 VB101，那么 VW100 的值将是 16♯ABCD，即 VB101 作为高地址字节，保存数据的低字节部分。

（2）间接寻址

在一条指令中，如果操作码后面的操作数是以一个数据所在地址的地址形式出现，这种指令的寻址方式就叫间接寻址。间接寻址给出一个被称为地址指针的存储单元的地址，32

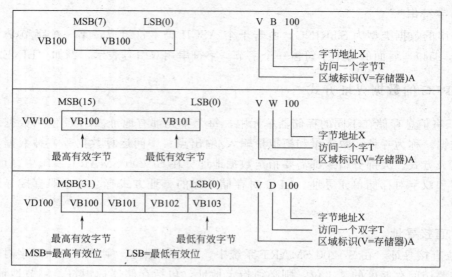

图 3-6　字节、字和双字寻址

位地址指针里存放的是真正的操作数的地址。只能用 V、L 或累加器作指针。

间接寻址可用于访问 I、Q、V、M、S、AI、AQ、SM 以及 T 和 C 的当前值。不能访问单个位（bit）地址、HC、L 存储区和累加器。

例如，指令"MOVD ＆VB200，AC1"将 VB200 的地址 ＆VB200 传送给 AC1。

其中，＆ 位地址符号，与单元编号结合使用，表示所对应单元的 32 位物理地址；VB200 只是一个直接地址编号，并不是它的物理地址。指令中第二个地址数据长度必须是双字长，如 VD、AC、LD 等。

利用指针与间接寻址来存取数据举例如图 3-7 所示。指令为 MOVW ＊AC1，AC0 将指针 AC1 所指的 VW200 中的数据（＊AC1）传送给 AC0。

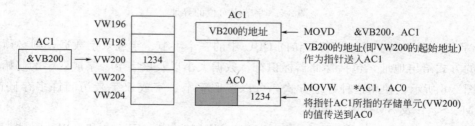

图 3-7　指针与间接寻址来存取数据

指针访问相邻的下一个字节时，指针值加 1；访问字时，指针值加 2；访问双字时，指针值加 4。

任务 3.3　认识 S7-200 SMART 的基本指令

S7-200 SMART 系列的基本指令包括输入/输出指令、正负跳变指令、取反和空操作指令、逻辑堆栈操作指令、置位与复位指令、立即指令以及双稳态触发器指令等。

44

3.3.1 输入/输出指令

(1) 标准触点指令

标准触点指令也叫位操作指令,包括常开和常闭触点。常开触点对应的位地址为 ON 时,该触点闭合。常闭触点对应的位地址为 OFF 时,该触点闭合。

① LD(Load):装载指令,用于常开触点与左母线连接,每一个以常开触点开始的逻辑行都要使用这一指令。

② LDN(Load Not):装载指令,用于常闭触点与左母线的连接,每一个以常闭触点开始的逻辑行都要使用这一指令。

③ A(And):与操作指令,用于常开触点的串联连接。

④ AN(And Not):与非操作指令,用于常闭触点的串联连接。

⑤ O(Or):或操作指令,用于常开触点的并联连接。

⑥ ON(Or Not):或非操作指令,用于常闭合触点的并联连接。

标准触点指令及功能如表 3-1 所示。

表 3-1 标准触点指令及功能

语句	描述	语句	描述
LD bit	装载,电路开始的常开触点	LDN bit	取反后装载,电路开始的常闭触点
A bit	与,串联的常开触点	AN bit	与非,串联的常闭触点
O bit	或,并联的常开触点	ON bit	或非,并联的常闭触点

(2) 输出指令

输出指令(=)也叫线圈驱动指令,对应于梯形图中的线圈。梯形图中两个并联的线圈用两条相邻的输出指令来表示。装载及驱动线圈指令举例如图 3-8 所示。

在图 3-8 中,最后两条指令 Q0.0 和 Q0.1 是并联输出,并联输出=指令可以连续使用,输出指令操作数不可重复。触点与输出指令如图 3-9 所示。

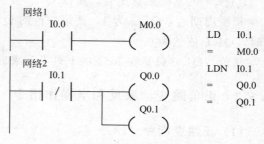

图 3-8 装载及驱动线圈指令举例

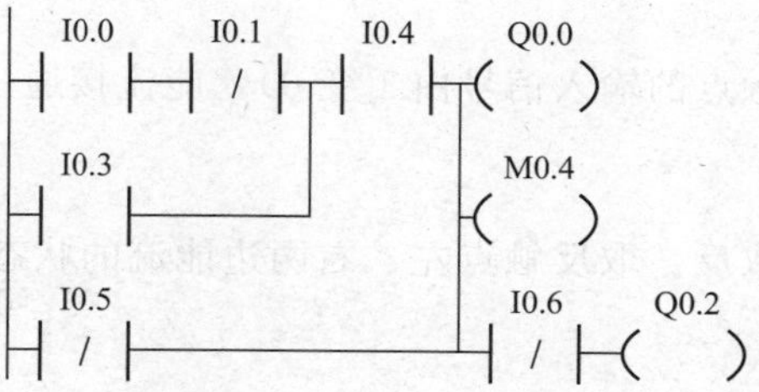

图 3-9 触点与输出指令

【例 3-1】 已知图 3-10 下降沿检测中的 I0.1 的波形,画出 M0.0 的波形。

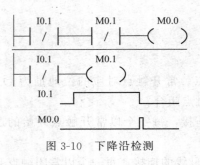

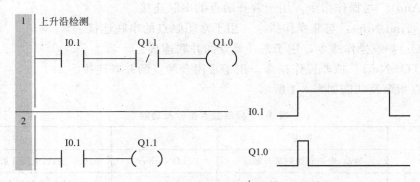

分析：在 I0.1 的下降沿之前，I0.1 为 ON，它的两个常闭触点均断开，M0.0 和 M0.1 均为 OFF，其波形用低电平表示；在 I0.1 的下降沿，I0.1 和 M0.1 的常闭触点同时闭合，M0.0 变为 ON；从 I0.1 下降沿之后的第二个扫描周期开始，M0.1 为 ON，其常闭触点断开，使 M0.0 为 OFF。M0.0 只是在 I0.1 的下降沿 ON 一个扫描周期。如交换上下两行电路，M0.0 的线圈不会通电。

图 3-10　下降沿检测

【例 3-2】　图 3-11 中，试用 Q1.0 检测输入的上升沿。

图 3-11　上升沿检测

分析：在 I0.1 上升沿，I0.1 变为 1，CPU 先执行第 1 行程序，因为前一个周期 Q1.1 为 0，Q1.1 的常闭触点闭合，所以 Q1.0 变为 1；执行第 2 行程序后，Q1.1 变为 1；进入第二个扫描周期后，Q1.1 为 1，使第一行的 Q1.1 常闭断开，Q1.0 由 1 变为 0；当 I0.1 变为 0 时，Q1.0 依然为 0。

结论：Q1.0 只是在 I0.1 的上升沿到来后接通一个扫描周期。

3.3.2　正负跳变、取反和空操作指令

（1）正跳变指令（EU）

检测到每一次正跳变信号（触点的输入信号由 0 变 1），能流接通一个扫描周期。

正负跳变指令

（2）负跳变指令（ED）

检测到每一次负跳变信号（触点的输入信号由 1 变 0），能流接通一个扫描周期。

（3）取反指令（NOT）

将电路左边的逻辑运算结果取反。取反触点左、右两边能流的状态相反。原来为 1 的变为 0，或者 0 变为 1。

（4）空操作指令（NOP N）

空操作指令不影响程序的执行（N 为 0～255）。

正负跳变、取反和空操作指令如表 3-2 所示。

表 3-2　正负跳变、取反和空操作指令

语句表	功能	梯形图	操作数
EU	检测到一个正跳变,能流接通一个周期	─┤ P ├─	无
ED	检测到一个负跳变,能流接通一个周期	─┤ N ├─	无
NOT	改变能流输入的状态	─┤ NOT ├─	无
NOP N	空操作	N ─┤ NOP ├─	0~255

正负跳变指令及波形举例如图 3-12 所示。

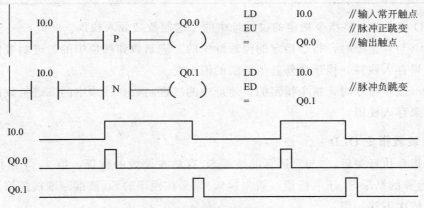

图 3-12　正负跳变指令及波形举例

正负跳变与取反指令举例如图 3-13 所示。指令中实心方块表示程序执行处于监控状态。

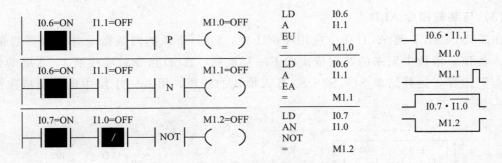

图 3-13　正负跳变与取反指令举例

特别提示：跳变指令将信号的跳变转换成仅仅持续一个扫描周期的短暂的脉冲。或者理解成把即将开始的较长过程转换成一种起始信号。

3.3.3　逻辑堆栈操作指令

(1) 基本概念

堆栈是一组能够存储和取出数据的暂存单元。S7-200 SMART 有一个 32 位的堆栈,最上面的第一层称为栈顶。堆栈中的数据一般按"先进后出"的原则访问。

每一次执行入栈操作，新值放入栈顶，栈底值丢失；每一次执行出栈操作，栈顶值弹出，栈底值补进随机数。S7-200 SMART PLC 使用一个 9 层的堆栈来处理所有逻辑操作。逻辑堆栈指令主要完成对触点的复杂连接，配合 ALD、OLD 指令使用。与逻辑堆栈有关指令如表 3-3 所示。

表 3-3　与逻辑堆栈有关指令

语句表	描述	语句表	描述
ALD	与装载,电路块串联连接	LRD	逻辑读栈
OLD	或装载,电路块并联连接	LPP	逻辑出栈
LPS	逻辑进栈	LDS	装载堆栈

执行 LD 指令时，将指令指定的位地址中的二进制数装载入栈顶。

执行 A（与）指令时，指令指定的位地址中的二进制数和栈顶中的二进制数作"与"运算，运算结果存入栈顶。栈顶之外其他各层的值不变。

执行 O（或）指令时，指令指定的位地址中的二进制数和栈顶中的二进制数作"或"运算，运算结果存入栈顶。

（2）或装载指令 OLD

前两条指令执行完后，"与"运算的结果 S0 存放在堆栈的栈顶，第 3、4 条指令执行完后，"与"运算的结果 S1 压入栈顶（图 3-14），原来在栈顶的 S0 被推到堆栈的第 2 层，下面各层的数据依次下移一层。

OLD 指令对堆栈第 1、2 层的二进制数做"或"运算，运算结果 S2＝S0＋S1 存入堆栈的栈顶，第 3～31 层中的数据依次向上移动一层。

（3）与装载指令 ALD

在图 3-14 OLD 与 ALD 指令应用举例 1 中，OLD 下面的两条指令并联运算的果 S3 被压入栈顶，堆栈中原来的数据依次向下一层推移。ALD 指令对堆栈第 1、2 层的数据做"与"运算，运算结果 S4＝S2・S3 存入堆栈的栈顶，第 3～31 层中的数据依次向上移动一层。

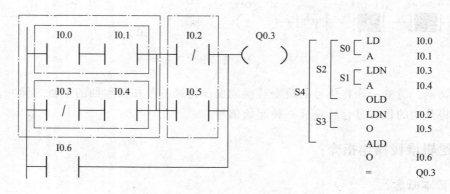

图 3-14　OLD 与 ALD 指令应用举例 1

【例 3-3】 已知图 3-15 中的语句表程序，画出对应的梯形图。

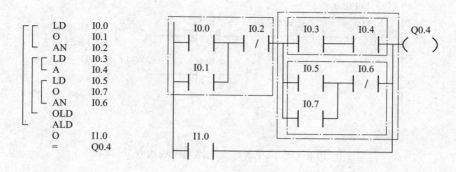

图 3-15　OLD 与 ALD 指令应用举例 2

首先将电路划分为若干块，各电路块从含有 LD 的指令（例如 LD、LDI 和 LDP 等）开始，在下一条含有 LD 的指令（包括 ALD 和 OLD）之前结束，然后分析各块电路之间的串并联关系。ALD 或 OLD 指令串并联的是它上面靠近它的已经连接好的电路。

（4）其他堆栈操作指令

逻辑进栈 LPS 指令复制栈顶的值并将其压入堆栈的第 2 层，堆栈中原来的数据依次向下一层推移。

逻辑读栈 LRD 指令将堆栈第 2 层的数据复制到栈顶，原来的栈顶值被复制值替代，第 2～31 层的数据不变。

逻辑出栈 LPP 指令将栈顶值弹出，堆栈各层的数据向上移动 1 层，第 2 层的数据成为新的栈顶值。

装载堆栈 LDS 指令用于复制堆栈中第 n 层的值到栈顶。LDS 很少使用。

LPS、LRD、LPP、LDS 指令的操作过程示意图如图 3-16 所示。

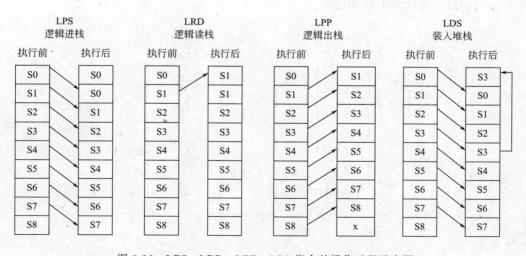

图 3-16　LPS、LRD、LPP、LDS 指令的操作过程示意图

简单的分支电路与堆栈指令应用如图 3-17 所示。

```
LD   I0.0
A    I0.1
LPS
A    I0.2
=    Q0.0
LPP
A    I0.4
=    Q0.1
```

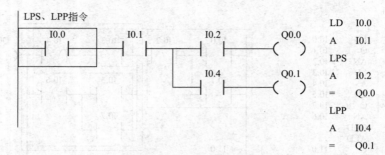

图 3-17　简单的分支电路与堆栈指令

复杂的带分支电路与堆栈指令应用如图 3-18 所示。

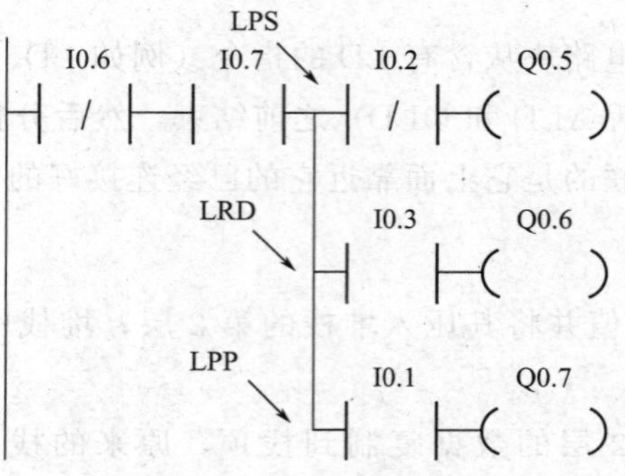

```
LDN  I0.6
A    I0.7
LPS
AN   I0.2
=    Q0.5
LRD
A    I0.3
=    Q0.6
LPP
A    I0.1
=    Q0.7
```

图 3-18　复杂的带分支电路与堆栈指令

双重分支电路如图 3-19 所示。第 1 条 LPS 指令将栈顶的 A 点逻辑运算结果保存到堆栈的第 2 层，第 2 条 LPS 指令将 B 点的逻辑运算结果保存到堆栈的第 2 层，A 点的逻辑运算结果被“压”到堆栈的第 3 层。第 1 条 LPP 指令将堆栈第 2 层 B 点的逻辑运算结果上移到栈顶，第 3 层中 A 点的逻辑运算结果上移到堆栈的第 2 层。最后一条 LPP 指令将堆栈第 2 层的 A 点的逻辑运算结果上移到栈顶。

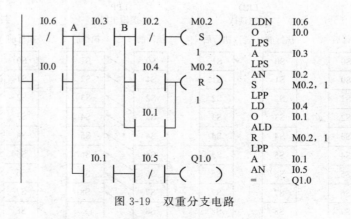

```
LDN  I0.6
O    I0.0
LPS
A    I0.3
LPS
AN   I0.2
S    M0.2，1
LPP
LD   I0.4
O    I0.1
ALD
R    M0.2，1
LPP
A    I0.1
AN   I0.5
=    Q1.0
```

图 3-19　双重分支电路

特别提示：

① 逻辑进栈 LPS 指令用于分支电路开始，在梯形图分支结构中，LPS 开始右侧的第 1 个从逻辑块编程，用于生成一条新的左母线；LPP 用于分支电路的结束，即新母线的结束。

② LPS 与 LPP 必须成对使用，它们之间可以使用 LRD 指令。

③ LPS、LRD、LPP 指令均无操作数。

④ 逻辑读栈 LRD 指令：当梯形图的分支结构中，母线左侧为主控逻辑块时，LPS 开始右侧的第 1 个从逻辑块编程。在梯形图分支结构中，LRD 开始第 2 个以后和后面更多的从逻辑块编程。需要注意的是 LPS 后第一个和最后一个从逻辑块不用本指令。

置位与复位指令

3.3.4　置位与复位指令

置位与复位指令分别将指定的位地址开始的 N 个连续的位地址置位（变为 ON 或 1）和复位（变为 OFF 或 0），N 为 1～255。两条指令有记忆和保持功能。

可用复位指令清除定时器/计数器的当前值，同时将它们的位复位为 OFF。置位与复位输出类指令如表 3-4 所示。

表 3-4　置位与复位输出类指令

语句		描述	语句	描述	语句	描述	梯形图符号	描述
=	bit	输出	S bit,N	置位	R bit,N	复位	SR	置位优先双稳态触发器
=I	bit	立即输出	SI bit,N	立即置位	RI bit,N	立即复位	RS	复位优先双稳态触发器

置位与复位指令分 N＝1 或 N＞1 两种情况。

① N＝1 时，置位与复位指令举例如图 3-20 所示。

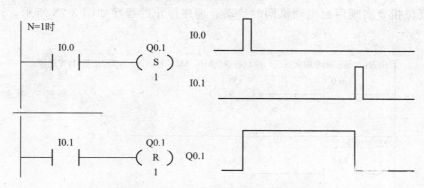

图 3-20　N＝1 时，置位与复位指令举例

② N＞1 时，置位与复位指令举例如图 3-21 所示。

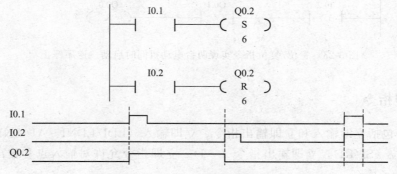

图 3-21　N＞1 时，置位与复位指令举例

特别提示：普通线圈获得能流时通电，能流不能到达时断电，置位与复位指令则是将线圈设置成置位线圈和复位线圈两大部分，将存储器的置位和复位功能分开。置位线圈受到脉冲前沿触发时，线圈通电锁存（存储器位置1）；复位线圈受到脉冲前沿触发时，线圈断电锁存（存储器位置0），下次置位、复位信号到来前，线圈状态保持不变。

【例 3-4】 编程实现电动机的连续运行与停止。

电动机的连续运行与停止控制程序如图 3-22 所示。图中的左、右 2 个梯形图都可以实现启动、保持和电动机停止，所用指令虽然不同，但实现的控制功能相同。

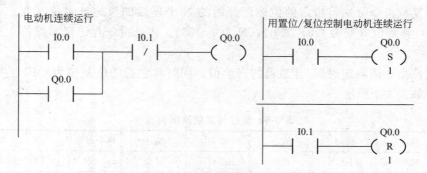

图 3-22 电动机的连续运行与停止控制

【例 3-5】 用置位/复位指令编程实现：两台电动机 M1、M2 同时启动，M2 停止后 M1 才能停止。

置位/复位指令实现两台电动机同时启动、逆序停止的程序如图 3-23 所示，读者可自行分析。

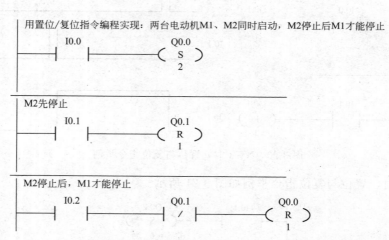

图 3-23 置位/复位指令实现两台电动机同时启动、逆序停止

3.3.5 立即指令

立即指令包括立即输入和立即输出指令。立即输入（LDI/LDNI、AI/ANI、OI/ONI），立即置位/复位（SI/RI），立即输出指令（=I）。立即指令允许对输入点和输出点进行快速和直接存取。

（1）立即输入指令

指令读取输入点 I 的状态时，相应的输入映像寄存器并未发生更新。立即输入指令如表 3-5 所示。

表 3-5　立即输入指令

语句	描述	语句	描述
LDI bit	立即装载,电路开始的常开触点	LDNI bit	取反后立即装载,电路开始的常闭触点
AI bit	立即与,串联的常开触点	ANI bit	立即与非,串联的常闭触点
OI bit	立即或,并联的常开触点	ONI bit	立即或非,并联的常闭触点

（2）立即输出指令（＝I）

用立输出指令访问输出点时，把栈顶值立即复制到指令所指出的物理输出点，访问的同时，相应的输出映像寄存器内容也会被刷新。

（3）立即置位与立即复位

这两条指令分别将指定的位地址开始的 N 个连续的物理输出点立即置位或复位，N 为 1～255。它们只能用于输出位 Q，新值被同时写入对应的物理输出点和输出映像寄存器。

立即输入与立即输出指令举例如图 3-24 所示。

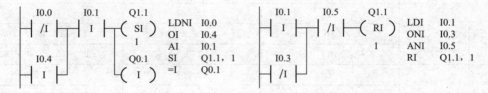

图 3-24　立即输入与立即输出指令举例

特别提示：

① 只有输入映像寄存器 I 和输出映像寄存器 Q 可以使用立即指令。

② 立即指令比一般指令访问输入/输出映像寄存器占用 CPU 的时间要长，所以不能盲目使用立即指令，否则会延长 CPU 扫描周期，对系统造成不利影响。

3.3.6　双稳态触发器指令

SR 是置位优先双稳态触发器，RS 是复位优先双稳态触发器。它们用置位输入和复位输入来控制方框上面的位地址，可选的 OUT 连接反映了方框上面位地址的信号状态。对于该指令的使用，应注意以下三点。

① 置位信号 S1 和复位信号 R 同时为 ON 时，M0.5 被置位为 ON，S1 端的 ON 优先。

② 置位信号 S 和复位信号 R1 同时为 ON 时，M0.6 被复位为 OFF，R1 端的 ON 优先。

③ 方框上面的位操作数为 I、Q、V、M、S；RS 触发器输入/输出操作数为 I、Q、V、M、S、SM、T、C。置位优先与复位优先触发器举例如图 3-25 所示。

53

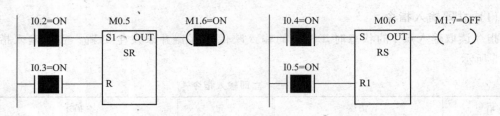

图 3-25　置位优先与复位优先触发器举例

任务 3.4　学习定时器指令与计数器指令

定时器和计数器的当前值的数据类型均为整数（INT），允许的最大值为 32767。

3.4.1　定时器指令

系统提供 3 种定时指令：接通延时型（TON）、保持型接通延时型（TONR）和断开延时型（TOF）。S7-200 SMART 定时器的精度（分辨率）有 3 个等级：1ms、10ms 和 100ms。定时器的分辨率及编号如表 3-6 所示。

表 3-6　定时器的分辨率及编号

工作方式	分辨率/ms	最大定时/s	定时器编号
TONR	1	32.767	T0,T64
	10	327.67	T1~T4,T65~T68
	100	3276.7	T5~T31,T69~T95
TON/TOF	1	32.767	T32,T96
	10	327.67	T33~T36,T97~T100
	100	3276.7	T37~T63,T101~T255

（1）接通延时定时器（TON）

接通延时定时器的使能（IN）输入电路接通后开始定时，当前值不断增大。当前值大于等于 PT 端指定的预设值时，定时器位变为 ON（常开闭合，常闭断开）。达到预设值后，当前值仍继续增加，直到最大值 32767。定时器的预设时间等于预设值 PT 与分辨率的乘积。

定时器-TON

接通延时定时器的使能输入（IN）电路断开时，定时器被复位，其当前值被清零，定时器位变为 OFF。还可以用复位（R）指令复位定时器。接通延时定时器举例如图 3-26 所示。

（2）保持型接通延时定时器（TONR）

保持型接通延时定时器的使能（IN）输入电路接通后开始定时，当前值不断增大，断开时，当前值保持不变，使能输入电路再次接通时继续定时。累计的时间间隔等于预设值时，定时器位变为 ON。只能用复位指令来复位 TONR。保持型接通延时定时器举例如图 3-27 所示。

定时器-TONR

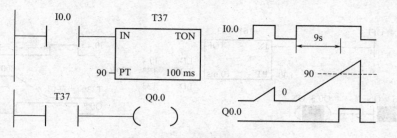

图 3-26 接通延时定时器举例

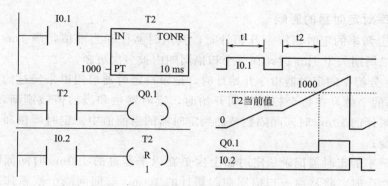

图 3-27 保持型接通延时定时器举例

图 3-28 是用接通延时定时器编程实现的脉冲定时器的程序，在 I0.3 的上升沿，Q0.2 输出一个宽度为 3s 的脉冲，I0.3 的脉冲宽度可以大于 3s，也可以小于 3s。

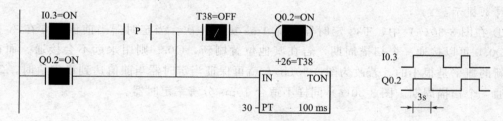

图 3-28 接通延时定时器实现脉冲定时器

（3）断开延时定时器（TOF）

定时器-TOF

使能输入电路接通时，定时器位立即变为 ON，当前值被清零。使能输入电路断开时，开始定时，当前值等于预设值时，输出位变为 OFF，当前值保持不变，直到使能输入电路接通。

断开延时定时器用于设备停机后的延时，例如变频电动机的冷却风扇的延时。断开延时定时器举例如图 3-29 所示。

特别提示：

① 不能把一个定时器号同时用作断开延时定时器（TOF）和接通延时定时器（TON）。

② 使用复位（R）指令对定时器复位后，定时器位为"0"，定时器当前值为"0"。

③ 保持型接通延时定时器（TONR）只能通过复位指令进行复位。

④ 对于断开延时定时器（TOF），需要输入端有一个负跳变（由 ON 到 OFF）的输入信号启动计时。

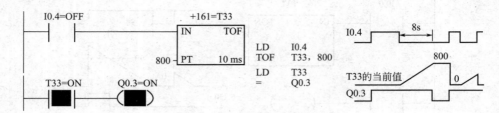

图 3-29　断开延时定时器举例

定时器 TON-
TOF-TONR
案例讲解

（4）分辨率对定时器的影响

执行 1ms 分辨率的定时器指令开始计时，其定时器位和当前值每隔 1ms 更新一次。扫描周期大于 1ms 时，在一个扫描周期内被多次更新。

执行 10ms 分辨率的定时器指令开始计时，记录自定时器启用以来经过的 10ms 时间间隔的个数。在每个扫描周期开始时，定时器位和当前值被刷新，一个扫描周期累计的 10ms 时间间隔数被加到定时器的当前值中。定时器位和当前值在整个扫描周期中不变。

100ms 分辨率的定时器记录从定时器上次更新以来经过的 100ms 时间间隔的个数。在执行该定时器指令时，将从前一扫描周期起累计的 100ms 时间间隔个数累加到定时器的当前值。启用定时器后，如果在某个扫描周期内未执行某条定时器指令，或者在一个扫描周期多次执行同一条定时器指令，定时时间都会出错。在子程序和中断程序中不适合使用 100ms 定时器。

特别提示：

① 在图 3-30（a）中，T32 定时器每隔 1ms 更新一次。当定时器当前值 100 在 A 处刷新，Q0.0 可以接通一个扫描周期，若在其他位置刷新，Q0.0 则用永远不会接通。而在 A 处刷新的概率是很小的。若改为图 3-30（b），就可保证当定时器当前值达到设定值时，Q0.0 会接通一个扫描周期。图 3-30（a）同样不适合 10ms 分辨率定时器。

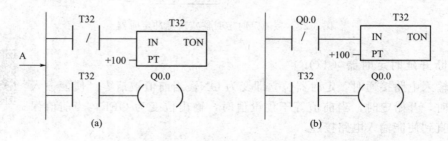

图 3-30　定时器分辨率与刷新位置关系

② 子程序和中断程序不是每个扫描周期都执行，那么在子程序和中断程序中的 100ms 定时器的当前值就不能及时刷新，造成时基脉冲丢失，致使计时失准；在主程序中，不能重复使用同一个 100ms 的定时器号，否则该定时器指令在一个扫描周期中会被多次执行，定时器的当前值在一个扫描周期中多次被刷新。这样，定时器就会多计了时基脉冲，同样造成计时失准。因而，100ms 定时器只能用于每个扫描周期内同一定时器指令执行一次且仅执行一次的场合。

【例 3-6】 用定时器设计输出脉冲的周期和占空比可调的振荡电路（即闪烁电路）。

闪烁电路梯形图程序设计如图 3-31 所示。分析可知，I0.3 的常开触点接通后，T41 开始定时。2s 后定时时间到，T41 的常开触点接通，Q0.7 变为 ON，T42 开始定时。3s 后 T42 的定时时间到，其常闭触点断开，T41 被复位。T41 的常开触点断开，使 Q0.7 变为 OFF，T42 被复位。复位后 T42 的常闭触点接通，下一扫描周期 T41 又开始定时。Q0.7 的线圈"通电"和"断电"的时间分别等于 T42 和 T41 的预设值。

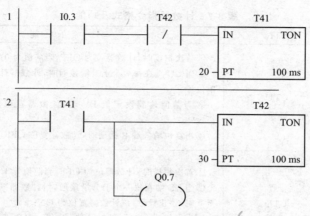

图 3-31 闪烁电路梯形图程序

【例 3-7】 用通电延时型和断电延时型定时器设计控制两条运输带的程序：顺序启动，逆序停止。

两条运输带的示意图及梯形图程序如图 3-32 所示。按下启动按钮 I0.5，1 号运输带立即开始运行（T40 为断开延时定时器），8s 后 2 号运输带自动启动（T39 为通电延时）。按了停止按钮 I0.6 后，先停 2 号运输带，8s 后停 1 号运输带。设置辅助元件 M0.0，根据波形图，直接用 T39 和 T40 的触点控制输出线圈 Q0.5 和 Q0.4。

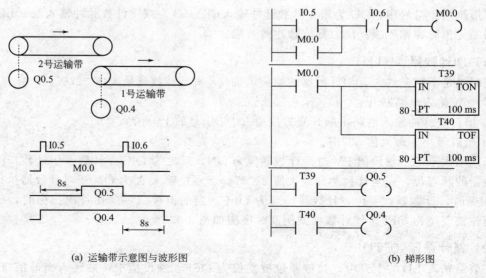

(a) 运输带示意图与波形图 (b) 梯形图

图 3-32 两条运输带的示意图及梯形图程序

3.4.2 计数器指令

计数器指令有 3 种：增计数器（CTU）、减计数器（CTD）和增/减计数器（CTUD）。

计数器指令
案例讲解

计数器的地址范围为 C0～C255，计数范围为 0～32767，不同类型的计数器不能共用同一个地址。计数器指令格式及功能如表 3-7 所示。

表 3-7　计数器指令格式及功能

LAD	STL	功　能
CXXX CU　CTU R PV	CTU	①首次扫描时，计数器位为 OFF，当前值为 0； ②当 CU 端在每一个上升沿接通时，计数器计数 1 次，当前值增加 1 个单位； ③当前值达到设定值 PV 时，计数器置位为 ON，当前值持续计数至 32767； ④当复位输入端 R 接通时，计数器复位 OFF，当前值为 0
CXXX CD　CTD LD PV	CTD	①首次扫描时，计数器位为 OFF，当前值等于预设值； ②当 CD 端在每一个上升沿接通时，计数器减小 1 个单位，当前值递减至 0 时，停止计数，该计数器置位为 ON； ③当复位端 LD 接通时，计数器复位为 OFF，并把预设值 PV 装入计数器，即当前值为预设值而不是 0
CXXX CU　CTUD CD R PV	CTUD	①有两个输入端，CU 用于递增计数，CD 用于递减计数； ②首次扫描时，计数器位为 OFF，当前值为 0； ③当 CU 在上升沿接通时，计数器当前值增加 1 个单位； ④当 CD 在上升沿接通时，计数器当前值减少 1 个单位； ⑤当前值达到设定值 PV 时，计数器被置位为 ON； ⑥当复位输入端 R 接通时，计数器复位为 OFF，当前值为 0

注：XXX 为计数器编号。

梯形图指令符号中，CU 为增 1 计数脉冲输入端；CD 为减 1 计数脉冲输入端；LD 为减计数器的复位脉冲输入端；R 为复位脉冲输入端。

（1）增计数器（CTU）

同时满足下列条件时，增计数器的当前值加 1，直至计数到最大值 32767。

① 复位输入电路断开。

② 增计数脉冲输入电路由断开变为接通（CU 信号的上升沿）。

③ 当前值小于最大值 32767。

当前值大于等于预设值 PV 时，计数器位为 ON，反之为 OFF。计数器仍计数，但不影响计数器的状态位，直至计数达到最大值 32767。当复位输入 R 为 ON 或对计数器执行复位（R）指令时，计数器被复位，计数器位变为 OFF，当前值被清零。在首次扫描时，所有的计数器位被复位为 OFF。增计数器案例及时序图如图 3-33 所示。

（2）减计数器（CTD）

在装载输入 LD 的上升沿，计数器位被复位为 OFF，预设值 PV 被装入当前值寄存器。在减计数脉冲输入信号 CD 的上升沿，从 PV 预设当前值开始减 1，减至 0 时，停止计数，

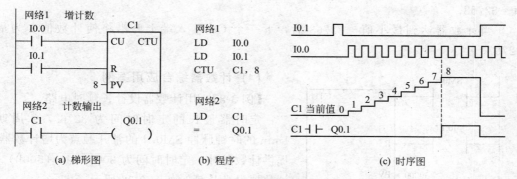

图 3-33　增计数器案例及时序图

计数器位被置位为 ON。减计数器指令无复位端。减计数器案例及时序图如图 3-34 所示。

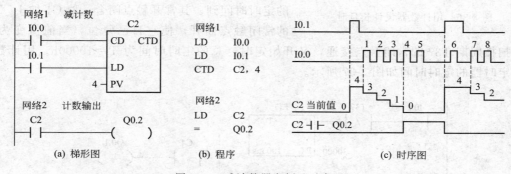

图 3-34　减计数器案例及时序图

（3）增/减计数器（CTUD）

在增计数脉冲输入 CU 的上升沿，当前值加 1，在减计数脉冲输入 CD 的上升沿，当前值减 1。当前值大于等于预设值 PV 时，计数器位为 ON，反之为 OFF。若复位输入 R 为 ON，或对计数器执行复位（R）指令时，计数器被复位，当前值清零。增/减计数器案例及时序图如图 3-35 所示。

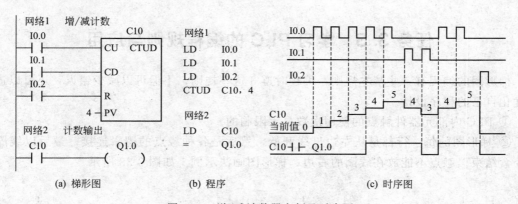

图 3-35　增/减计数器案例及时序图

特别提示：

① 当计数器在达到计数最大值 32767 后，下一个 CU 输入端上升沿将使计数值变为最

小值－32768。

② 当计数器达到最小值－32768后，下一个 CD 输入端上升沿将使计数值变为最大值 32767。

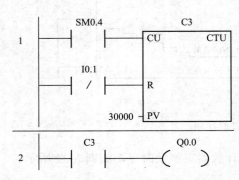

图 3-36 用计数器设计长延时

（4）计数器综合应用案例

【例 3-8】 用计数器设计长延时电路。

定时器最长的定时时间为 3276.7s。周期为 1min 的时钟脉冲 SM0.4 的常开触点为增计数器 C3 提供计数脉冲。定时时间为 30000min（500h）。用计数器设计长延时如图 3-36 所示。

【例 3-9】 用计数器扩展定时器的定时范围。

I0.2 为 ON 时，T37 开始定时，3000s 后 T37 的定时时间到，其常开触点闭合，使 C4 加 1。T37 的常闭触点断开，使它自己复位，当前值变为 0。下一扫描周期 T37 的常闭触点接通，又开始定时。总的定时时间为 T＝10000h。用计数器扩展定时器的定时时间如图 3-37 所示。

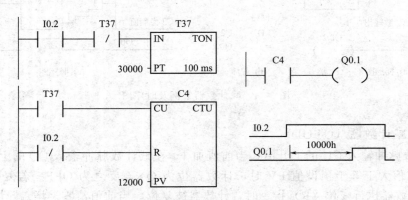

图 3-37 用计数器扩展定时器的定时时间

任务 3.5 学习 PLC 的编程规则与应用

梯形图的编程有一些基本规则，编程时遵守这些规则，不但可以减少错误，还可以进一步优化自己的程序设计。

① PLC 内部元器件触点的使用次数是无限制的。

② 梯形图的每一行都是从左边母线开始，然后是各种触点的逻辑连接，最后以线圈或指令盒结束。触点不能放在线圈的右边，梯形图画法示例 1 如图 3-38 所示。

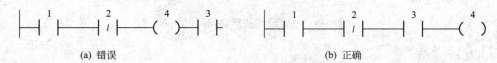

(a) 错误　　　　　　　　　　　　　(b) 正确

图 3-38 梯形图画法示例 1

③ 线圈、定时器、计数器、功能指令盒等一般不能直接连接在左边的母线上，可通过特殊内部存储器 SM0.0 完成与左母线相连，梯形图画法示例 2 如图 3-39 所示。

图 3-39　梯形图画法示例 2

④ 在同一程序中，同一编号的线圈使用两次及两次以上称为双线圈输出。双线圈输出非常容易引起误动作，所以应避免使用。

⑤ 尽量节省指令的程序优化设计：适当安排编程顺序，以减少程序的步数。

a. 串联多的支路应尽量放在上部。在设计并联电路时，应将单个触点的支路放在下面；设计串联电路时，应将单个触点放在右边。在有线圈的并联电路中，应将单个线圈放在上面。梯形图优化设计如图 3-40 所示。

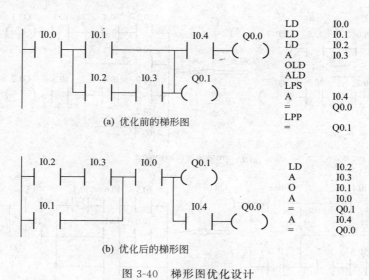

图 3-40　梯形图优化设计

b. 梯形图中经常会出现元件的串、并联，因此排列顺序很重要，对于并联多的支路应靠近左母线，这样可节省语句表的步数，如图 3-41 所示。

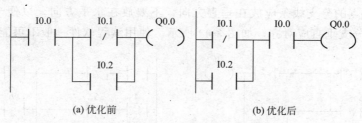

图 3-41　并联多的支路靠近左母线

⑥ 双线圈输出的处理。双线圈输出优化处理如图 3-42 所示。图 3-42(a) 中 Q1.1 输出 2 次，是典型的双线圈输出，必须按照图 3-42(b) 进行优化处理。

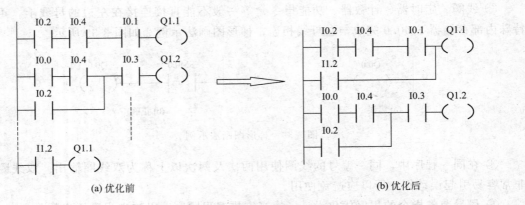

图 3-42　双线圈输出优化处理

⑦ 桥式电路必须修改后才能画出梯形图，非桥式复杂电路必须修改后才能画出梯形图，桥式和非桥式复杂梯形图电路画法修改如图 3-43 所示。

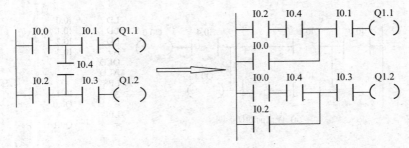

(a) 桥式电路修改后的梯形图

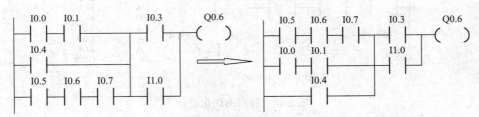

(b) 非桥式复杂电路修改后的梯形图

图 3-43　桥式和非桥式复杂梯形图电路画法修改

⑧ 不包含触点的分支线条应放在垂直方向，不要放在水平方向，以便于读图和图形的美观，不含触点分支垂直应对齐，如图 3-44 所示。使用编程软件一般不可能出现这种情况。

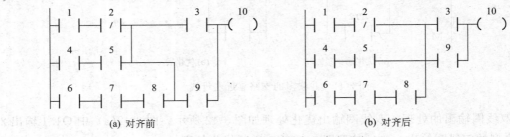

(a) 对齐前　　　　　　　　　　　　(b) 对齐后

图 3-44　不含触点分支垂直应对齐

思考与练习

1. 填空题

(1) PLC 编程语言有多种，_____、_____、_____是三种基本语言。

(2) 输出指令（对应于梯形图中的线圈）不能用于_____映像寄存器。

(3) _____一直为 ON，而_____仅在首次扫描时为_____。

(4) 二进制数 2#0000 0010 1001 1101 对应的十六进制数是_____，对应的十进制数是_____，绝对值与它相同的负数的补码是 2#_____。

(5) BCD 码 16#7824 对应的十进制数是_____。

(6) 接通延时定时器（TON）的使能（IN）输入电路_____时开始定时，当前值大于等于预设值时，其定时器位变为_____，梯形图中其常开触点_____，常闭触点_____。

(7) 断开延时定时器（TOF）的使能输入电路接通时，定时器位立即变为_____，当前值被_____。使能输入电路断开时，当前值从 0 开始_____，当前值等于预设值时，定时器位变为_____，梯形图中其常开触点_____，常闭触点_____，当前值_____。

(8) 接通延时定时器（TON）的使能输入电路_____时被复位，复位后梯形图中其常开触点_____，常闭触点_____，当前值等于_____。

(9) 保持型接通延时定时器（TONR）的使能输入电路_____时开始定时，使能输入电路断开时，当前值_____。使能输入电路再次接通时_____，必须用_____指令来复位 TONR。

(10) 若增计数器的计数输入电路 CU _____、复位输入电路 R _____，计数器的当前值加 1。当前值大于等于预设值 PV 时，梯形图中其常开触点_____，常闭触点_____。复位输入电路_____时，计数器被复位，复位后梯形图中其常开触点_____，常闭触点_____，当前值为_____。

(11) 外部输入电路断开时，对应的输入映像寄存器为_____状态，梯形图中对应的常开触点_____，常闭触点_____。

(12) 若梯形图中输出 Q 的线圈"通电"，对应的输出过程映像寄存器为_____状态，在修改输出阶段后，继电器型输出模块中对应的硬件继电器的线圈_____，其常开触点_____，外部负载_____。

2. 状态图表用什么数据格式表示 BCD 码？

3. VW50 由哪两个字节组成？哪个是高位字节？

4. VD50 由哪两个字组成？由哪四个字节组成？哪个是高位字节？哪个是最低位字节？

5. 位存储器（M）有多少个字节？

6. T0、T3、T32 和 T37 分别属于什么定时器？它们的分辨率分别是多少？

7. 特殊存储器位 SM0.4 和 SM0.5 各有什么作用？

8. &VB100 和 *VD120 分别表示什么？

9. 地址指针有什么作用？

10. 写出图 3-45 所示的不同连接顺序的梯形图对应的语句表形式。通过语句表的比较，得到什么启发？

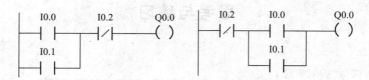

图 3-45　不同连接顺序的梯形图

11. 根据图 3-46 所示的梯形图程序，分析 I0.0、I0.1、I0.2 对 Q0.0 控制，写出指令表形式程序。

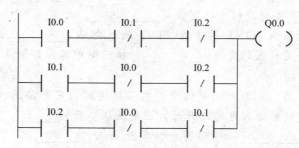

图 3-46　梯形图程序

12. 试设计一个抢答器程序电路。主持人提出问题宣布开始后，三个答题人按动按钮，仅仅是最早按的人面前的信号灯亮。一个题目终了时，主持人按动复位按钮，为下一轮抢答做准备。

13. 设计一个两台电动机的控制程序。控制要求是：第 1 台电动机运行 30s 后，第 2 台电动机开始运行并且第一台电动机停止运行；当第 2 台电动机运行 20s 后两台电动机同时运行。

14. 设计搅拌机控制程序：单按钮启停控制，有运行指示灯，正转 5s，停机 2s，反转 5s，停机 2s，如此往复，循环 3 次。

15. 按照控制要求设计用户程序：按下启动按钮 SB1，鼓风机 M1 立即启动运行，延时 5s 鼓风机 M2 也启动运行，再延时 3s 鼓风机 M3 也启动运行。当按下停止按钮 SB2，鼓风机 M3 停止运行，延时 4s 鼓风机 M1、M2 同时停止。（1）写出输入/输出（I/O）分配表；（2）编写梯形图程序。

16. 图 3-47 所示为定时器和计数器扩展应用。根据程序，判断按下 I0.0 后，Q0.0 经过多少时间点亮？Q0.0 的工作情况如何？简单阐述理由。

17. 图 3-48 所示为星/三角减压启动电路。当电动机容量较大时不允许直接启动，应采用减压启动，减压启动的目的是减小启

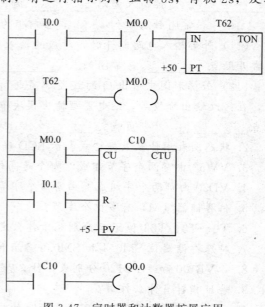

图 3-47　定时器和计数器扩展应用

动电流，但电动机的启动转矩也将随之降低，因此建议启动仅用于空载或启动轻载场合。常用的减压启动方法中，星/三角减压启动是最普遍使用的方法。

电路功能：按下启动按钮 SB1，电源接触器 KM 及 KMY 接触器接通，电动机绕组呈星接状态，启动电流较小。同时 KT 开始计时，10s 后接触器断开，KM△ 接触器接通，电动机在角接状态下正常工作。若热保护器件 KR 动作，或按下停止按钮 SB2，都会使电动机停止工作。请分配 I/O 并设计 PLC 控制的梯形图程序。

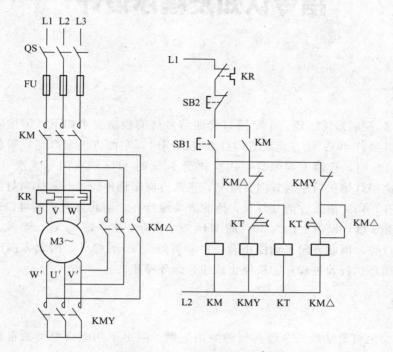

图 3-48 星/三角减压启动电路

18. 定时器与计数器综合应用：单按钮启动/停止控制。一般情况下，PLC 控制电路要有启动和停止按钮作为输入信号，控制电动机的运行和停止。但当输入继电器点数分配紧张时，可用单按钮实现启停控制。请用定时器和计数器指令完成单按钮启动/停止的 PLC 控制程序设计。

S7-200 SMART PLC的功能
指令认知及程序设计

【项目案例】

交通灯 PLC 控制系统实现。十字路口交通信号灯的控制要求如下：①按启动按钮，南北方向红灯亮并维持 25s；②在南北方向红灯亮的同时，东西方向绿灯亮，东西方向车辆可以通行；③到 20s 时，东西方向绿灯以占空比为 50% 的 1Hz 频率闪烁 3 次（即 3s 后）熄灭，在东西方向绿灯熄灭后东西方向黄灯亮，东西方向车辆停止通行；④黄灯亮 2s 后熄灭，东西方向红灯亮，同时南北方向红灯灭，南北方向绿灯亮，南北方向车辆可以通行；⑤南北方向绿灯亮了 20s 后，以占空比为 50% 的 1Hz 频率闪烁 3 次（即 3s 后）熄灭，在南北方向绿灯熄灭后黄灯亮，南北方向车辆停止通行；⑥黄灯亮 2s 后熄灭，南北方向红灯亮，东西方向绿灯亮，循环执行此过程；⑦按停止按钮，循环停止。

【项目分析】

PLC 控制交通灯是功能指令最典型的应用案例。但由于功能指令类型很多，没有一个综合项目能够涵盖，所以分成数据处理类、程序控制类等若干个子项目，案例项目包括数据传送指令、数学运算指令、比较指令、移位指令、跳转指令、循环以及中断指令等。

【学习目标】

一、知识目标

① 掌握 PLC 功能指令的表达形式及使用要素。

② 了解中断指令的类型、中断的优先级。

二、能力目标

① 具备数据传送指令、数学运算指令、比较指令、移位指令、跳转指令等功能指令在项目中的融合应用能力。

② 具有对复杂项目的程序设计及调试能力。

三、思政目标

① 具有安全意识、劳动意识。

② 具有爱岗敬业、精益求精的工匠精神。

③ 具有自我学习、不断进取的创新精神。

④ 具有与他人合作、沟通的团队协作能力。

任务 4.1　认识 S7-200 SMART PLC 的功能指令

4.1.1　功能指令概述

功能指令是指应用于复杂控制的指令，其内涵是指令需要完成何种功能，其实质是一些功能不同的子程序。与基本指令类似，功能指令也有梯形图及指令表等表达形式。其梯形图符号多为功能框图。

功能指令分为较常用的指令、与数据的基本操作有关的指令、与 PLC 的高级应用有关的指令和应用较少的指令。

对于初学者来说，没有必要花大量的时间去熟悉功能指令使用中的细节，应重点了解指令的基本功能和有关的基本概念。要想熟练掌握功能指令用法，可通过读程序、编程序和调试程序来学习。

4.1.2　S7-200 功能指令的表达形式及使用要素

（1）功能框及指令的标识符

标识符一般由两个部分组成，第一部分为指令的助记符，第二部分为参与运算的操作数的数据类型。

① 使能输入与使能输出　梯形图中有一条提供"能流"的左侧母线，如图 4-1 所示，I2.4 常开触点接通后，使能输入端 EN 有能流流入方框指令时，指令才能被执行。ENO 是梯形图 LAD 的布尔输出，当 ENO=1，将能流传递给下一个元素；若指令执行出错，ENO=0。每条指令都有具体的功能。

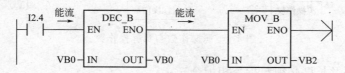

图 4-1　使能输入与使能输出

② 语句表达式　语句表达式一般也由两个部分组成，第一部分为指令的助记符（大部分与功能框中指令标识符相同），第二部分为操作数或地址（也有无数据的功能指令语句）。图 4-2 所示为字节传送的语句表达式。

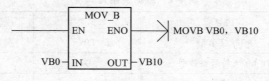

图 4-2　字节传送的语句表达式

③ 条件输入指令　条件输入指令必须通过触点电路连接到左侧母线上。不需要条件的指令必须直接连接在左侧母线上。键入语句表指令时，必须使用英文的标点符号。

④ 能流指示器　LAD 有两种能流指示器，由编辑器自动添加和移除，并不是用户设置的。能流指示见图 4-3。

双箭头是开路能流指示器，指示程序段中有开路状况。必须解决开路问题，程序段才能成功编译。

可选能流指示器，用于指令的级联。该指示器在功能框元素的 ENO 能流输出端，表示可以将其他梯形图元件附加到该位置。但是若没有在该位置添加元件，程序段也能成功编译。

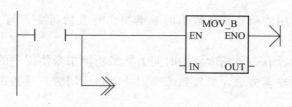

图 4-3　能流指示

（2）操作数类型及长度

操作数分为源操作数、目标操作数及其他操作数。源操作数是指令执行后不改变其内容的操作数；目标操作数是执行后改变其内容的操作数；有时源操作数与目标操作数也可使用同一单元（图 4-4）。

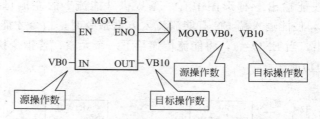

图 4-4　源操作数与目标操作数

操作数的类型及长度必须与指令相配合。

操作数的类型：BYTE、WORD、INT、DWORD、DINT、REAL。

操作数的长度有：8 位（B）、16 位（W、I）、32 位（DW、DI、R）。

操作数的有效存储区域：I、Q、V、M 等。

数据类型与长度如表 4-1 所示。

表 4-1　数据类型与长度

数据类型	内容	数据类型	内容
B	8 bit 字节型	DW	32 bit 无符号双整数型
W	16 bit 无符号整数型	DI	32 bit 有符号双整数型
I	16 bit 有符号整数型	R	32 bit 有符号实数型

（3）指令的执行条件及执行形式

在梯形图的功能框中，EN 表示指令的执行条件，一般为编程软元件触点的组合。

连续执行：当 EN 前的执行条件成立时，该指令在每个扫描周期都会被执行一次。

脉冲执行：只在某一个扫描周期中有效。

（4）指令执行结果对特殊标志位的影响

为了方便用户更好地了解机内运行情况，并为控制及故障自诊断提供方便，PLC 中设立了许多特殊标志位（SMx. x），如溢出位、负值位等。

（5）指令的机型适应范围

系列机型的功能指令往往并不是本系列机型中任一款都适用，不同的 CPU 型号可适用的功能指令范围不尽相同。

任务 4.2   认识传送指令

数据传送指令的梯形图和语句表格式如表 4-2 所示。

表 4-2   传送指令

指令名称	梯形图	语句表	指令功能
单个数据传送	MOV_* EN ENO IN OUT	MOV * IN,OUT	使能输入端 EN 有效时，把一个字节（字、双字、实数）由 IN 传送到 OUT 所指定存储单元
数据块传送	BLKMOV_* EN ENO IN OUT N	BM * IN,OUT,N	使能输入端 EN 有效时，把从 IN 开始的 N 个字节（字、双字）传送到 OUT 开始的 N 个（字、双字）存储单元
字节立即读	MOV_BIR EN ENO IN OUT	BIR IN,OUT	使能输入端 EN 有效时，立即读取 1 个字节的物理输入 IN，并传送到 OUT 所指的存储单元，但映像存储器内容不刷新
字节立即写	MOV_BIW EN ENO IN OUT	BIW IN,OUT	使能输入端 EN 有效时，立即将 IN 单元的字节数据写入到 OUT 所指的映像存储单元和物理区，该指令用于把计算结果立即输出到负载
字节交换指令	SWAP EN ENO IN	SWAP IN,OUT	使能输入端 EN 有效时，输入字 IN 的高字节和低字节互换

注：表中的 * 可以是 B、W、DW（或 D）和 R，分别表示操作数为字节、字、双字和实数。传送指令的输入/输出数据应当等长度。

传送指令是在不改变原存储单元值（内容）的情况下，将 IN（输入端存储单元）的值复制到 OUT（输出端存储单元）中，传送后，输入存储器 IN 中的内容不变，可用于存储单元的清零、程序初始化等场合。

根据每次数据传送多少，可以分为单个数据传送指令以及一次性多个连续字块的传送。又可依传送数据的类型分为字节、字、双字或实数等几种情况。

4.2.1 字节、字、双字和实数传送指令

按操作数的数据类型可分为字节传送（MOVB）、字传送（MOVW）、双字传送（MOVD）以及实数传送（MOVR）指令，如表4-3所示。

表4-3　单数据传送指令

LAD	MOV_B EN　ENO IN　OUT	MOV_W EN　ENO IN　OUT	MOV_D EN　ENO IN　OUT	MOV_R EN　ENO IN　OUT
STL	MOVB IN,OUT	MOVW IN,OUT	MOVD IN,OUT	MOVR IN,OUT
操作数及数据类型	IN：VB，IB，QB，MB，SB，SMB，LB，AC，常量 OUT：VB，IB，QB，MB，SB，SMB，LB，AC	IN：VW，IW，QW，MW，SW，SMW，LW，T，C，AIW，常量，AC OUT：VW，T，C，IW，QW，SW，MW，SMW，LW，AC，AQW	IN：VD，ID，QD，MD，SD，SMD，LD，HC，AC，常量 OUT：VD，ID，QD，MD，SD，SMD，LD，AC	IN：VD，ID，QD，MD，SD，SMD，LD，AC，常量 OUT：VD，ID，QD，MD，SD，SMD，LD，AC
	字节	字、整数	双字、双整数	实数
功能	使能输入有效时，即EN＝1时，将一个输入IN的字节、字/整数、双字/双整数或实数送到OUT指定的存储器输出。在传送过程中不改变数据的大小。传送后，输入存储器IN中的内容不变			

传送指令助记符中最后的B、W、DW（或D）和R分别表示操作数为字节、字、双字和实数。

【例4-1】　I0.0接通后，将变量存储器VW0中内容送到VW10中。程序如图4-5所示。

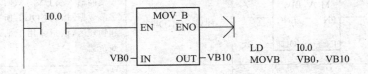

```
          I0.0          MOV_B
        ──┤ ├──────────┤EN   ENO├───( )
                        │           │
                    VB0─┤IN    OUT├─VB10
```

```
LD      I0.0
MOVB    VB0, VB10
```

图4-5　字节传送程序示例

注：数据类型应与指令标识符相匹配。

【例4-2】　实现星/三角减压启动与停止：Q0.0为电源接触器、Q0.1为Y接触器，Q0.2为三角接触器，切换时间为3s。星/三角减压启动与停止的梯形图程序如图4-6所示。

【例4-3】　用数据传送指令控制奇、偶数灯交替闪烁。程序如图4-7所示。

数据传送
指令案例

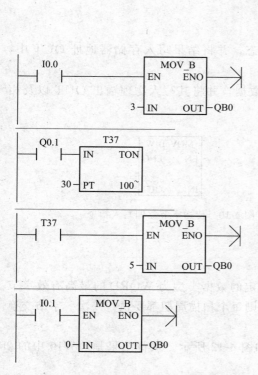

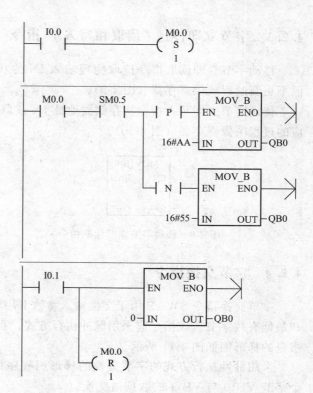

图 4-6　星/三角减压启动与停止的梯形图程序　　图 4-7　数据传送控制奇、偶数灯交替闪烁程序

注：传送指令的"IN"端输入常量时，可以采用二进制、十进制或十六进制。

4.2.2　数据块传送指令（BM）

　　字节块传送、字块传送、双字块传送指令将已分配数据值块从源存储单元（起始地址 IN 和连续地址）传送到新存储单元（起始地址 OUT 和连续地址）。参数 N 分配要传送的字节、字或双字数。存储在源单元的数据值块不变。N 取值范围是 1～255。使用数据块传送指令时，应注意数据地址的连续性。

　　设 VB10～VB14 的 5 个字节中数据分别为 31、32、33、34 和 35，如将 VB10～VB14 单元中的数据传送到 VB100～VB104 单元中，驱动信号为 I0.0，执行数据块传送指令后，VB100～VB104 单元中的数据分别为 31、32、33、34 和 35，数据块传送指令如图 4-8 所示。

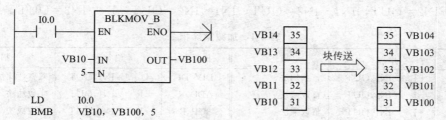

图 4-8　数据块传送指令

　　在图 4-8 中，如果将源操作数设为 0，执行数据块传送指令后，则可对 VB100～VB104 单元进行"清 0"操作。

71

4.2.3 字节立即传送（读取和写入）指令

移动字节立即读取指令读取物理输入 IN 的状态，并将结果写入存储器地址 OUT 中，但不更新过程映像寄存器（图 4-9）。

传送字节立即写入指令从存储器地址 IN 读取数据，并将其写入物理输出 OUT 以及相应的过程映像寄存器（图 4-10）。

图 4-9　移动字节立即读取指令　　　　图 4-10　传送字节立即写入指令

4.2.4 字节交换指令

字节交换指令 SWAP 用于交换输入参数 IN 指定的数据类型为 WORD 的最高有效字节和最低有效字节。该指令应采用脉冲执行方式，否则每个扫描周期都要执行一次。字节交换指令的梯形图如图 4-11 所示。

采用脉冲执行方式的字节交换的梯形图程序如图 4-12 所示。执行结果是 VW10 中的 2 个字节 VB10 与 VB11 的数据被交换。

 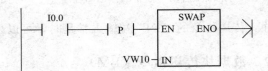

图 4-11　字节交换指令的梯形图　　　　图 4-12　字节交换的梯形图程序

任务 4.3　认识数学运算指令

4.3.1 加减乘除指令

在梯形图中，整数、双整数与浮点数的加、减、乘、除指令（表 4-4）分别执行下列运算：$IN1+IN2=OUT$，$IN1-IN2=OUT$，$IN1*IN2=OUT$，$IN1/IN2=OUT$。

表 4-4　加减乘除指令

梯形图	语句表		描述	梯形图	语句表		描述
ADD_I	+I	IN1,OUT	整数加法	DIV_DI	/D	IN1,OUT	双整数除法
SUB_I	−I	IN1,OUT	整数减法	ADD_R	+R	IN1,OUT	实数加法
MUL_I	*I	IN1,OUT	整数乘法	SUB_R	−R	IN1,OUT	实数减法
DIV_I	/I	IN1,OUT	整数除法	MUL_R	*R	IN1,OUT	实数乘法
ADD_DI	+D	IN1,OUT	双整数加法	DIV_R	/R	IN1,OUT	实数除法
SUB_DI	−D	IN1,OUT	双整数减法	MUL	MUL	IN1,OUT	整数相乘产生双整数
MUL_DI	*D	IN1,OUT	双整数乘法	DIL	DIV	IN1,OUT	带余数的整数除法

　　整数加法指令将两个 16 位整数相加，产生一个 16 位结果。双整数加法指令将两个 32 位整数相加，产生一个 32 位结果。实数加法指令将两个 32 位实数相加，产生一个 32 位实数结果。

　　整数减法指令将两个 16 位整数相减，产生一个 16 位结果。双整数减法指令将两个 32 位整数相减，产生一个 32 位结果。实数减法指令将两个 32 位实数相减，产生一个 32 位实数结果。

　　整数乘法指令将两个 16 位整数相乘，产生一个 16 位结果。双整数乘法指令将两个 32 位整数相乘，产生一个 32 位结果。实数乘法指令将两个 32 位实数相乘，产生一个 32 位实数结果。

　　整数除法指令将两个 16 位整数相除，产生一个 16 位结果（不保留余数）。双整数除法指令将两个 32 位整数相除，产生一个 32 位结果（不保留余数）。实数除法指令将两个 32 位实数相除，产生一个 32 位实数结果。

　　以上指令影响 SM1.0（运算结果为零）、SM1.1（有溢出，运算期间产生非法值或非法输入）、SM1.2（运算结果为负）和 SM1.3（除数为 0）。

整数的加减
乘除运算

　　【例 4-4】　计算 {[(2+8)−4]*3}/9 的值，送到 VW6 中。整数运算梯形图程序如图 4-13 所示。

　　注：计算结果和过程值为整数时，可以采用整数运算指令。

　　【例 4-5】　计算 {[(10+9)−8]*7}/6 的值，送到 VD12 中。实数运算梯形图程序如图 4-14 所示。

浮点运算指令

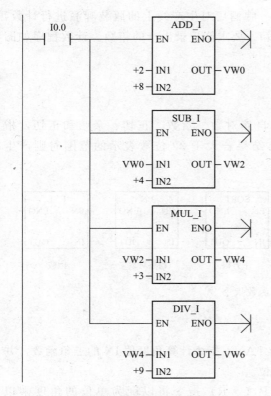

图 4-13　整数运算梯形图程序

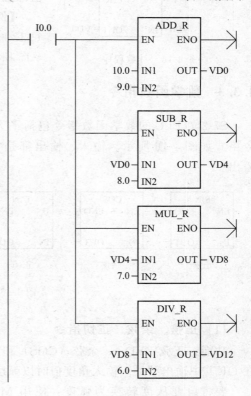

图 4-14　实数运算梯形图程序

4.3.2 递增与递减指令

在梯形图和 FBD 中，递增和递减指令（表 4-5）分别执行运算 IN＋1＝OUT 和 IN－1＝OUT。在语句表中，递增和递减指令分别执行运算 OUT＋1＝OUT 和 OUT－1＝OUT。

增 1/减 1 指令

表 4-5 递增与递减指令

梯形图	语句表	描述	梯形图	语句表	描述
INC_B	INCB OUT	字节加 1	DEC_B	DECB OUT	字节减 1
INC_W	INCW OUT	字加 1	DEC_W	DECW OUT	字减 1
INC_D	INCD OUT	双字加 1	DEC_D	DECD OUT	双字减 1

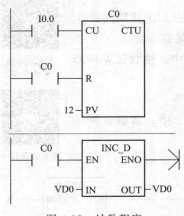

图 4-15 计数程序

字节递增（INC_B）运算为无符号运算。字递增（INC_W）运算为有符号运算。双字递增（INC_D）运算为有符号运算。

字节递减（DEC_B）运算为无符号运算。字递减（DEC_W）运算为有符号运算。双字递减（DEC_D）运算为有符号运算。

以上指令影响零标志 SM1.0、溢出标志 SM1.1 和负值标志 SM1.2。

【例 4-6】 啤酒厂对生产线上的瓶装啤酒进行计数，每 12 瓶为一箱，要求能记录生产的箱数。计数程序如图 4-15 所示。

4.3.3 数学函数指令

S7-200 PLC 的数学函数指令包括平方根、自然对数、指数、正切、余弦和正切，指令格式如图 4-16 所示。输入、输出都是实数，结果若大于 32 位数表示的范围时则产生溢出。

图 4-16 数学函数指令

（1）正弦、余弦、正切指令

功能：正弦（SIN）、余弦（COS）和正切（TAN）指令计算角度值 IN 的三角函数，并在 OUT 中输出结果。输入角度值时以弧度为单位。

要将角度从度转换为弧度：使用 MUL_R（＊R）指令将以度为单位的角度乘以 $1.745329e^{-2}$（约为 $\pi/180$）。

对于数学函数指令，SM1.1 用于指示溢出错误和非法值。如果 SM1.1 置位，则 SM1.0 和 SM1.2 的状态无效，原始输入操作数不变。如果 SM1.1 未置位，则数学运算已完成且结果有效，并且 SM1.0 和 SM1.2 包含有效状态。

（2）平方根指令

功能：把一个双字长（32 位）的实数 IN 开平方，得到 32 位的实数结果送到 OUT。

（3）自然对数指令

功能：自然对数指令（LN）对 IN 中的值执行自然对数运算，并在 OUT 中输出结果。

要将自然对数转换为以 10 为底的对数：将自然对数除以 2.302585（约为 10 的自然对数）。

（4）指数指令

功能：自然指数指令（EXP）执行以 e 为底，以 IN 中的值为幂的指数运算，并在 OUT 中输出结果。

若要将任意实数作为另一个实数的幂，包括分数指数：组合自然指数指令和自然对数指令。例如，要将 X 作为 Y 的幂，用 EXP [Y * LN (X)]。

4.3.4　逻辑运算指令

逻辑运算指令包括取反指令、与指令、或指令、异或指令，如表 4-6 所示。

表 4-6　逻辑运算指令

梯形图	语句表	描述	梯形图	语句表	描述
INV_B	INVB　　OUT	字节取反	WAND_W	ANDW　INI,OUT	字与
INV_W	INVW　　OUT	字取反	WOR_W	ORW　INI,OUT	字或
INV_DW	INVD　　OUT	双字取反	WXOR_W	XORW　INI,OUT	字异或
WAND_B	ANDB　　OUT	字节与	WAND_DW	ANDD　INI,OUT	双字与
WOR_B	ORB　　OUT	字节与	WOR_DW	ORD　INI,OUT	双字或
WXOR_B	XORB　　OUT	字节异或	WXOR_DW	XORD　INI,OUT	双字异或

（1）取反指令

字节取反、字取反和双字取反指令对输入 IN 执行求补操作（二进制数逐位取反），并将结果装载到存储单元 OUT 中，包括字节、字、双字取反。取反指令影响零标志位 SM1.0。取反指令程序如图 4-17 所示。

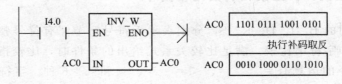

图 4-17　取反指令程序

（2）与、或、异或指令

字节、字、双字"与"运算时，如果两个操作数的同一位均为1，运算结果的对应位为1，否则为0。"或"运算时，如果两个操作数的同一位均为0，运算结果的对应位为0，否则为1。"异或"运算时，如果两个操作数的同一位不同，运算结果的对应位为1，否则为0。

【例4-7】 逻辑运算指令举例。逻辑运算指令（与、或、异或）程序举例如图4-18所示。

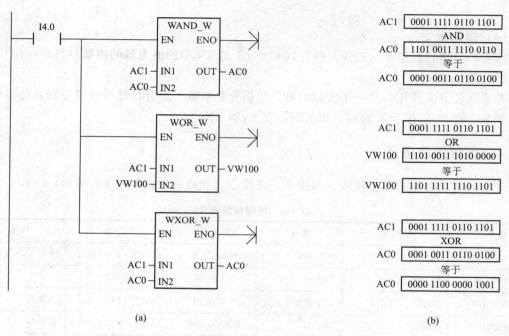

图4-18 逻辑运算指令（与、或、异或）程序举例

任务4.4 认识比较指令

比较指令用于比较两个数值或字符串，满足比较关系式给出的条件时，触点闭合。比较指令为实现上下限控制以及数值条件判断提供了方便。

比较指令

4.4.1 字节、整数、双整数和实数比较指令

比较触点中间的B、I、D、R、S，分别表示无符号字节、有符号整数、有符号双整数、有符号实数和字符串比较。满足比较关系式给出的条件时，比较指令对应的触点接通。数值比较指令的运算有＝、＞＝、＜＝、＞、＜和＜＞6种。字符串比较指令只有＝＝和＜＞。

比较指令的LAD（梯形图）和STL（语句表）形式如表4-7所示。

表 4-7　比较指令

形式	方式				
	字节比较	整数比较	双字比较	实数比较	字符串比较
梯形图 （等于 为例）	IN1 ─┤ ==B ├─ IN2	IN1 ─┤ ==I ├─ IN2	IN1 ─┤ ==D ├─ IN2	IN1 ─┤ ==R ├─ IN2	IN1 ─┤ ==S ├─ IN2
语句表	LDB=IN1,IN2 AB= IN1,IN2 OB= IN1,IN2 LDB<>IN1,IN2 AB<> IN1,IN2 OB<> IN1,IN2 LDB< IN1,IN2 AB< IN1,IN2 OB< IN1,IN2 LDB<= IN1,IN2 AB<=IN1,IN2 OB<= IN1,IN2 LDB>IN1,IN2 AB> IN1,IN2 OB> IN1,IN2 LDB>=IN1,IN2 AB>= IN1,IN2 OB>= IN1,IN2	LDW=IN1,IN2 AW= IN1,IN2 OW= IN1,IN2 LDW<>IN1,IN2 AW<> IN1,IN2 OW<> IN1,IN2 LDW< IN1,IN2 AW< IN1,IN2 OW< IN1,IN2 LDW<= IN1,IN2 AW<=IN1,IN2 OW<= IN1,IN2 LDW>IN1,IN2 AW> IN1,IN2 OW> IN1,IN2 LDW>=IN1,IN2 AW>= IN1,IN2 OW>= IN1,IN	LDD=IN1,IN2 AD= IN1,IN2 OD= IN1,IN2 LDD<>IN1,IN2 AD<> IN1,IN2 OD< IN1,IN2 LDD< IN1,IN2 AD< IN1,IN2 OD< IN1,IN2 LDD<=IN1,IN2 AD<= IN1,IN2 OD<= IN1,IN2 LDD>IN1,IN2 AD> IN1,IN2 OD> IN1,IN2 LDD>=IN1,IN2 AD>= IN1,IN2 OD>= IN1,IN	LDR=N1,IN2 AR=IN1,IN2 OR=IN1,IN2 LDR<>IN1,IN2 AR<> IN1,IN2 OR<>IN1,IN2 LDR< IN1,IN2 AR< IN1,IN2 OR< IN1,IN2 LDR<=IN1,IN2 AR<= IN1,IN2 OR<= IN1,IN2 LDR>IN1,IN2 AR> IN1,IN2 OR> IN1,IN2 LDR>=IN1,IN2 AR>= IN1,IN2 OR>=IN1,IN2	LDB=IN1,IN2 AB= IN1,IN2 OB= IN1,IN2 LDB<>IN1,IN2 AB<>IN1,IN2 OB<>IN1,IN2

表 4-7 中，以 LD、A、O 开始的比较指令分别表示开始、串联和并联的比较触点。

字节比较用于比较两个字节型无符号整数值 IN1 和 IN2 的大小；整数比较用于比较两个字节的有符号整数值 IN1 和 IN2 的大小，其范围是 16#8000～16#7FFF；双字比较用于比较两个有符号双字 IN1 和 IN2 的大小，其范围是 16#80000000～16#7FFFFFFF；实数比较指令用于比较两个实数 1N1 和 IN2 的大小，是有符号的比较；字符串比较指令用于比较两个字符串的 ASCII 码是否相等。

4.4.2　比较指令应用案例

【例 4-8】　用比较指令和定时器实现 1Hz 闪烁。比较指令和定时器实现 1Hz 闪烁程序如图 4-19 所示。

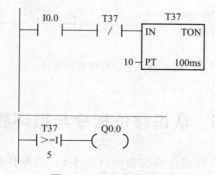

图 4-19　1Hz 闪烁程序

【例 4-9】 用比较指令实现交通灯时序的控制。交通灯时序如图 4-20 所示。

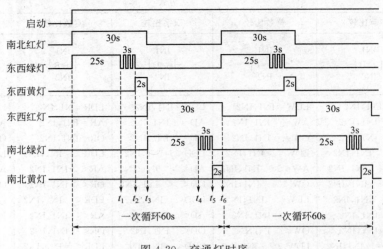

图 4-20 交通灯时序

根据交通灯时序图，编写的梯形图程序如图 4-21 所示。

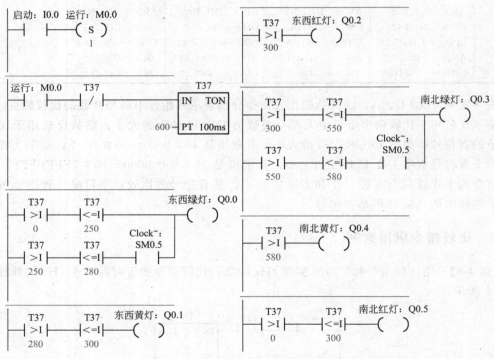

图 4-21 交通灯梯形图程序

任务 4.5 认识移位指令与循环移位指令

字节、字、双字移位指令和循环移位指令（表 4-8）的操作数 IN 和 OUT 的数据类型分别为 BYTE、WORD 和 DWORD。移位位数 N 的数据类型为 BYTE。

表 4-8　移位指令与循环移位指令

梯形图	语句表		描述	梯形图	语句表		描述
SHR_B	SRB	OUT,N	右移字节	ROR_B	RRB	OUT,N	循环右移字节
SHL_B	SLB	OUT,N	左移字节	ROL_B	RLB	OUT,N	循环左移字节
SHR_W	SRW	OUT,N	右移字	ROR_W	RRW	OUT,N	循环右移字
SHL_W	SLW	OUT,N	左移字	ROL_W	RLW	OUT,N	循环左移字
SHR_DW	SRD	OUT,N	右移双字	ROR_DW	RRD	OUT,N	循环右移双字
SHL_DW	SLD	OUT,N	左移双字	ROL_DW	RLD	OUT,N	循环左移双字
				SHRB	SHRB	DATA,S_BIT,N	移位寄存器

4.5.1　右移位和左移位指令

移位指令将输入值 IN 的位值右移位或左移位，位置移位计数 N，然后将结果装载到分配给 OUT 的存储单元中。

移位与循环
移位指令

对于每一位移出后留下的空位，移位指令会补零（图 4-22）。如果移位计数 N 大于或等于允许的最大值（字节操作为 8，字操作为 16，双字操作为 32），则会按相应操作的最大次数对值进行移位。如果移位计数大于 0，则将溢出存储器置位，SM1.1 会置位为移出的最后一位的值。如果移位操作的结果为零，则 SM1.0 零存储器位将置位。

字节操作是无符号操作。对于字操作和双字操作，使用有符号数据值时，也对符号位进行移位。

4.5.2　循环右移位和循环左移位指令

循环移位指令将输入值 IN 的位值循环右移位或循环左移位，位置循环移位计数 N，然后将结果装载到分配给 OUT 的存储单元中。循环移位操作为循环操作。

如果循环移位计数大于或等于操作的最大值（字节操作为 8，字操作为 16，双字操作为 32），则 CPU 会在执行循环移位前对移位计数执行求模运算以获得有效循环移位计数。该结果为移位计数，字节操作为 0～7，字操作为 0～15，双字操作为 0～31。

如果循环移位计数为 0，则不执行循环移位操作。如果执行循环移位操作，则溢出位 SM1.1 将置位为循环移出的最后一位的值（图 4-22）。

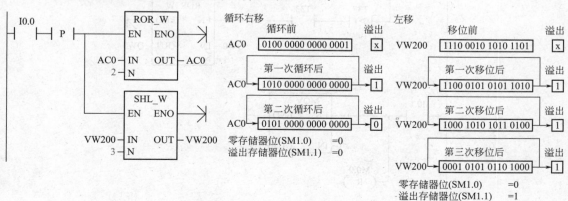

图 4-22　移位指令与循环移位指令

如果循环移位计数不是 8 的整倍数（对于字节操作）、16 的整倍数（对于字操作）或 32 的整倍数（对于双字操作），则将循环移出的最后一位的值复制到溢出存储器位 SM1.1。如果要循环移位的值为零，则零存储器位 SM1.0 将置位。

字节操作是无符号操作。对于字操作和双字操作，使用有符号数据类型时，也会对符号位进行循环移位。

如果源操作数与目标操作数相同，移位和循环移位指令应采用脉冲执行方式。

【例 4-10】 编写跑马灯程序，按下启动按钮（I0.0）后，点亮 QW0 的最末位 Q0.0，然后 QW0 以 1Hz 频率循环左移 10s，再以 2Hz 的频率循环右移 5s，以此循环。循环移位跑马灯程序如图 4-23 所示。

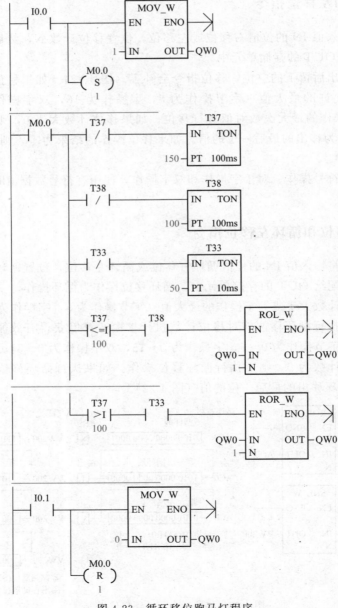

图 4-23　循环移位跑马灯程序

4.5.3　移位寄存器指令

移位寄存器位指令将 DATA 的位值移入移位寄存器。S_BIT 指定移位寄存器最低有效位的位置。N 指定移位寄存器的长度和移位方向（正向移位＝N，反向移位＝－N）。

将 SHRB 指令移出的每个位值复制到溢出存储器位 SM1.1 中。

移位寄存器位由最低有效位 S_BIT 位置和长度 N 指定的位数定义。

① 反向移位操作用长度 N 的负值表示。将 DATA 的输入值移入移位寄存器的最高有效位，然后移出由 S_BIT 指定的最低有效位位置。然后将移出的数据放在溢出存储器位 SM1.1 中。

② 正向移位操作用长度 N 的正值表示。将 DATA 的输入值移入由 S_BIT 指定的最低有效位位置，然后移出移位寄存器的最高有效位。然后将移出的位值放在溢出存储器位 SM1.1 中。

由 N 指定的移位寄存器的最大长度为 64 位（正向或反向）。

图 4-24 中的 4 位移位寄存器由 V100.0～V100.3 组成，在 I0.2 的上升沿，I0.3 的值从移位寄存器的最低位 V100.0 移入，寄存器中的各位左移一位，最高位 V100.3 的值被移到溢出标志位 SM1.1。N 为－4 时，I0.3 的值从最高位 V100.3 移入，寄存器中的各位右移一位，最低位 V100.0 的值移到溢出标志位 SM1.1。

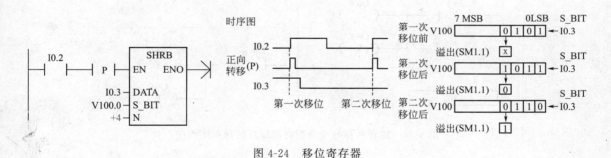

图 4-24　移位寄存器

任务 4.6　认识程序控制指令

4.6.1　跳转与标号指令

（1）跳转与标号指令

JMP 线圈通电时，跳转条件满足，跳转指令使程序流程跳转到对应的标号处。JMP 与 LBL 指令的操作数 n 为常数 0～255。使用跳转与标号指令（JMP/LBL）时需注意以下几点。

① 跳转指令由跳转助记符 JMP 和跳转标号 N 构成。标号指令由标号助记符 LBL 和标号 N 构成。

② 跳转指令功能：当跳转条件满足时，程序由 JMP 指令控制，跳转至标号为 N 的程序段去执行。

③ 标号指令功能：标记跳转的目的地地址。

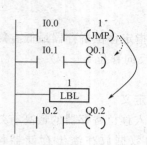

④ 跳转指令和标号指令必须位于同一程序块中，即同时位于主程序或子程序内。

（2）跳转及标号指令举例

在图 4-25 中，当 JMP 条件满足（即 I0.0 接通时）程序跳转，执行 LBL 标号 1 以后的指令（图 4-25 中实线箭头所示），而在 JMP 和 LBL 之间的指令概不执行，在这个过程中即使 I0.1 接通 Q0.1 也不会得电。当 JMP 条件不满足时，则当 I0.1 接通 Q0.1 会得电（图 4-25 中虚线箭头所示）。

图 4-25 跳转及标号指令

4.6.2 跳转与标号指令应用案例

【例 4-11】 用跳转和标号指令编程实现：按下启动按钮红灯亮，断开后绿灯亮。跳转和标号指令控制红绿灯的梯形图程序如图 4-26 所示。

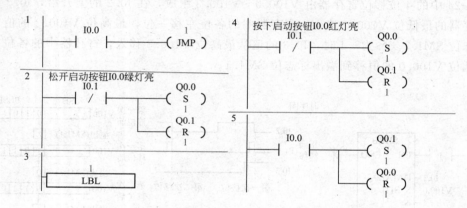

图 4-26 跳转和标号指令控制红绿灯的梯形图程序

【例 4-12】 某设备有手动/自动两种操作方式，SA 是操作方式选择开关，当 SA 断开时，选择手动操作方式；当 SA 接通时，选择自动操作方式，不同操作方式的控制要求如下。

① 手动操作方式：按启动按钮 SB2，电动机运转；按停止按钮 SB1，电动机停止。

② 自动操作方式：按启动按钮 SB2，电动机连续运转 1min 后，自动停止；按停止按钮 SB1，电动机立即停止。

主电路及 PLC 控制电路 I/O 信号分配如图 4-27 所示。

用跳转和标号指令实现的手动/自动控制程序如图 4-28 所示。

4.6.3 循环指令

（1）单重循环指令（FOR/NEXT）

驱动 FOR 指令的逻辑条件满足时，反复执行 FOR 与 NEXT 之间的指令。执行到 NEXT 指令时，INDX 的值加 1，如果 INDX 的值小于等于结束值 FINAL，返回去执行 FOR 与 NEXT 之间的指令。如果 INDX 的值大于结束值，循环终止。使用中应注意以下几点。

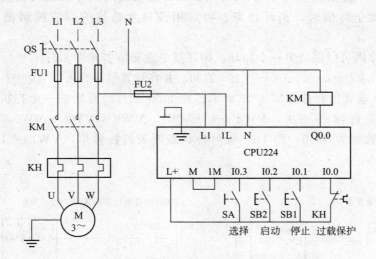

图 4-27　主电路及 PLC 控制电路 I/O 信号分配

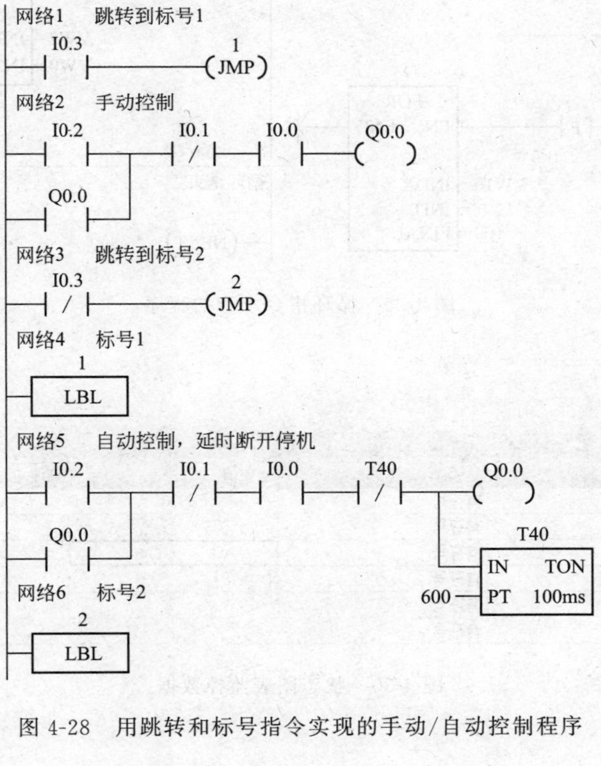

图 4-28　用跳转和标号指令实现的手动/自动控制程序

①　在循环程序中，FOR 用来标记循环体的开始，NEXT 用来标记循环体的结束，FOR 与 NEXT 之间的程序称为循环体。在一个扫描周期内，循环体被反复执行。FOR 与 NEXT 必须成对使用。

②　参数 INDX 为循环次数当前值寄存器，用来记录当前循环次数（循环体程序每

执行一次，INDX 值加 1）。参数 INIT 和 FINAL 用来规定循环次数的初值和终值，当循环次数当前值大于终值时，循环结束。可以用改写参数值的方法控制循环体的实际循环次数。

③ 在循环体内可以嵌套另一个循环，循环指令嵌套最多允许 8 层。

【例 4-13】 求 $0+1+2+3+\cdots+100$ 的和，并将计算结果存入 VW0 中。

用循环指令求和的程序如图 4-29 所示。在 I0.0 上升沿开始的一个扫描周期内，执行循环体 100 次。每循环一次，$VW2+1 \rightarrow VW2$，$VW0+VW2 \rightarrow VW0$，循环结束后，VW0 中存储的数据为 5050，图 4-30 所示为状态图表监控数据，VW10＝101，最后一次 VW2＝100。

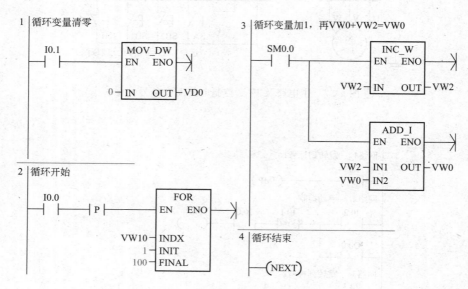

图 4-29 循环指令求和的程序

	地址	格式	当前值	新值
1	VD0	有符号	+330956900	
2	VW0	有符号	+5050	
3	VW2	有符号	+100	
4	VW10	有符号	+101	
5		有符号		
6		有符号		

图 4-30 状态图表监控数据

（2）多重循环

多重循环是指在循环体内可以嵌套另一个循环，循环最多可以嵌套 8 层。

在图 4-31 中，在 I0.6 的上升沿，执行 10 次标有 1 的外层循环，如果 I0.7 为 ON，每执行 1 次外层循环，将执行 8 次标有 2 的内层循环。每次内层循环将 VW10 加 1，执行完后，VW10 的值增加 80（即执行内层循环的次数为 80）。

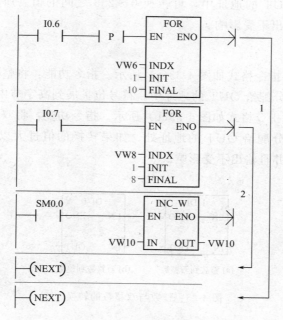

图 4-31　双重循环程序

任务 4.7　认识数据转换指令

数据转换指令是指对操作数的类型进行转换，包括数据的类型转换、码的类型转换以及数据和码之间的类型转换。

4.7.1　数据类型转换指令

可编程控制器的主要数据类型包括字节、整数、双整数和实数，主要的码制有 BCD 码、ASCII 码、十进制数和十六进制数等。同一性质的指令对操作数的类型要求不同，因此在使用之前需要将操作数转化成相应的类型，可以用转换指令来实现。

（1）字节与整数

① 字节到整数　指令格式如图 4-32（a）所示。指令功能：将字节值 IN 转换为整数值，并将结果存入分配给 OUT 的地址中。字节是无符号的，因此没有符号扩展位。

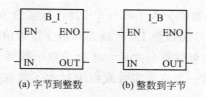

(a) 字节到整数　　(b) 整数到字节

图 4-32　字节与整数的转换

② 整数到字节　指令格式如图 4-32（b）所示。指令功能：将整数值 IN 转换为字节值，

并将结果存入分配给 OUT 的地址中，可转换 0～255 之间的值。所有其他值将导致溢出（SM1.1 被置位），且输出不受影响。

（2）整数与双整数

① 整数到双整数　指令格式如图 4-33（a）所示。指令功能：将整数值 IN 转换为双精度整数值，并将结果存入分配给 OUT 的地址中。符号位扩展到高字节中。

② 双整数到整数　指令格式如图 4-33（b）所示。指令功能：将双精度整数值 IN 转换为整数值，并将结果存入分配给 OUT 的地址处。如果转换的值过大以至于无法在输出中表示，则溢出位被置位，并且输出不受影响。

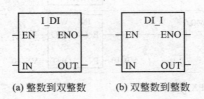

(a) 整数到双整数　　(b) 双整数到整数

图 4-33　整数与双整数的转换

（3）双整数与实数

① 双整数到实数　指令格式如图 4-34（a）所示。指令功能：将 32 位有符号整数 IN 转换为 32 位实数，并将结果存入分配给 OUT 的地址中。

注：没有直接的整数到实数转换指令。转换时，先用 I_DI（整数到双整数）指令，然后再使用 DI_R（双整数到实数）指令即可。

② 实数到双整数　指令格式如图 4-34（b）所示。指令功能：将实数输入数据 IN 转换为双整数值，并将结果存入分配给 OUT 的地址中。

(a) 双整数到实数　　　　　(b) 实数到双整数

图 4-34　双整数与实数的转换

取整（ROUND）：将 32 位实数值 IN 转换为双精度整数值，并将取整后的结果存入分配给 OUT 的地址中。如果小数部分大于或等于 0.5，该实数值将进位。

截断（TRUNC）：将 32 位实数值 IN 转换为双精度整数值，并将结果存入分配给 OUT 的地址中。只有转换了实数的整数部分之后，才会丢弃小数部分。

注：如果要转换的值不是一个有效实数或由于过大不能在输出中表示，则溢出位置位，但输出不受影响。

【例 4-14】 将模拟量输入 AIW0 的值的 80% 取整送到 VD100 中。模拟量取整转换程序如图 4-35 所示。

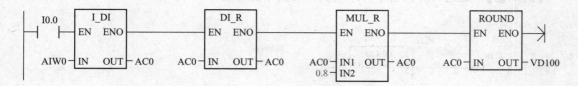

图 4-35　模拟量取整转换程序

（4）整数与 BCD 码

① 整数到 BCD 码　指令格式如图 4-36（a）所示。指令功能：将输入整数 WORD 数据类型值 IN 转换为二进制编码的十进制 WORD 数据类型，并将结果加载至分配给 OUT 的地址中。IN 的有效范围为 0～9999 的整数。

② BCD 码到整数　指令格式如图 4-36（b）所示。指令功能：将二进制编码的十进制 WORD 数据类型值 IN 转换为整数 WORD 数据类型的值，并将结果加载至分配给 OUT 的地址中。IN 的有效范围为 0～9999 的 BCD 码。

指令影响的特殊存储器位为 SM1.6（非法 BCD 码）。

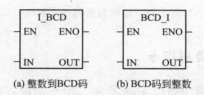

(a) 整数到BCD码　　(b) BCD码到整数

图 4-36　整数与 BCD 码的转换

4.7.2　编码和解码指令

（1）编码指令

指令格式如图 4-37（a）所示。指令功能：编码指令将输入字 IN 中设置的最低有效位的位编号写入输出字节 OUT 的最低有效"半字节"（4 位）中。

数据类型：输入为字，输出为字节。

（2）认识解码指令

指令格式如图 4-37（b）所示。指令功能：解码指令置位输出字 OUT 中与输入字节 IN 的最低有效"半字节"（4 位）表示的位号对应的位。输出字的所有其他位都被设置为 0。

数据类型：输入为字节，输出为字。

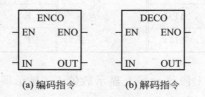

(a) 编码指令　　(b) 解码指令

图 4-37　编码和解码指令

【例4-15】 编码和解码指令程序举例，如图4-38所示。

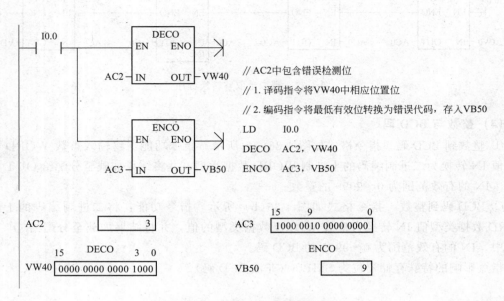

// AC2中包含错误检测位

// 1. 译码指令将VW40中相应位置位

// 2. 编码指令将最低有效位转换为错误代码，存入VB50

```
LD    I0.0
DECO  AC2，VW40
ENCO  AC3，VB50
```

图4-38 编码和解码指令程序

图4-39 段码指令

4.7.3 段码指令

段码指令如图4-39所示。指令功能：将字节型输入数据 IN 的低4位有效数字（16♯0～F）转换成七段显示码，送入 OUT 所指定的字节单元。该指令应用于数码显示时非常方便，七段码编码如表4-9所示。

表4-9 七段码编码

(IN) LSD	分段显示	(OUT) －gfe	(OUT) dcba	(IN) LSD	分段显示	(OUT) －gfe	(OUT) dcba
0	0	0011	1111	8	8	0111	1111
1	1	0000	0110	9	9	0110	0111
2	2	0101	1011	A	A	0111	0111
3	3	0100	1111	B	b	0111	1100
4	4	0110	0110	C	C	0011	1001
5	5	0110	1101	D	d	0101	1110
6	6	0111	1101	E	E	0111	1001
7	7	0000	0111	F	F	0111	0001

【例4-16】 使用 SEG 在七段显示屏上显示数值5。显示屏上显示数值5的 SEG 指令程序如图4-40所示。

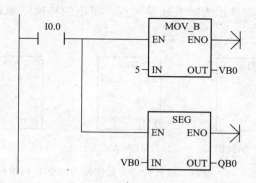

图 4-40　显示数值 5 的 SEG 指令程序

注：按下 I0.0 后，在 Q0.0～Q0.7 上可以输出 01101101（七段显示屏上显示数值 5）。

4.7.4　ASCII 码转换指令

ASCII 码转换指令是将标准字符 ASCII 编码与十六进制数、整数、双整数及实数之间进行转换，可进行转换的 ASCII 码为 30～39 和 41～46，对应的十六进制数为 0～9 和 A～F。

（1）ASCII 码与十六进制数转换指令

① ASCII 码转换成十六进制数指令　指令格式如图 4-41（a）所示。指令功能：ATH 可以将长度为 LEN、从 IN 开始的 ASCII 字符转换为从 OUT 开始的十六进制数。可转换的最大 ASCII 字符数为 255 个。

② 十六进制数转换成 ASCII 码指令　指令格式如图 4-41（b）所示。指令功能：HTA 可以将从输入字节 IN 开始的十六进制数转换为从 OUT 开始的 ASCII 字符。由长度 LEN 分配要转换的十六进制数的位数。可以转换的 ASCII 字符或十六进制数的最大数目为 255。

【例 4-17】　ASCII 码转换成十六进制数编程举例，如图 4-42 所示。IN 为 VB30，LEN 为 3，表示将 VB30、VB31、VB32 的 ASCII 字符串转换成十六进制数，并把结果存入到 VB40 和 VB41 存储单元中。

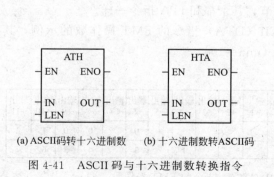

（a）ASCII 码转十六进制数　（b）十六进制数转 ASCII 码

图 4-41　ASCII 码与十六进制数转换指令

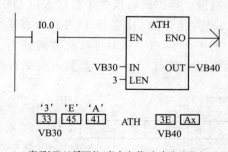

x 表示 VB41 低四位（半个字节）未发生变化

图 4-42　ASCII 码转换成十六进制数编程举例

（2）整数、双整数、实数与 ASCII 码转换指令

① 整数转换成 ASCII 码指令　指令格式如图 4-43（a）所示。指令功能：整数转换为 ASCII 码指令可以将整数值 IN 转换为 ASCII 字符数组。格式参数 FMT 将分配小数点右侧

的转换精度，并指定小数点显示为逗号还是句点，得出的转换结果将存入以 OUT 分配的地址开始的 8 个连续字节中。

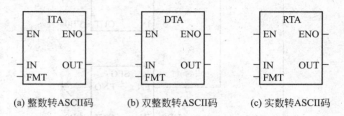

(a) 整数转ASCII码　(b) 双整数转ASCII码　(c) 实数转ASCII码

图 4-43　整数、双整数、实数转换为 ASCII 码指令

输出缓冲区的大小始终为 8 个字节。通过 nnn 字段分配输出缓冲区中小数点右侧的位数。nnn 字段的有效范围是 0～5。如果分配 0 位数到小数点右侧，则转换后的值无小数点。对于 nnn 值大于 5 的情况，将使用 ASCII 空格字符填充输出缓冲区。c 位指定使用逗号（c＝1）还是小数点（c＝0）作为整数部分与小数部分之间的分隔符。4 个最高有效位必须始终为零。

图 4-44 给出了一个将整数转换为 ASCII（ITA）指令的 FMT 操作数的例子，其格式为使用小数点（c＝0），小数点右侧有 3 位（nnn＝011）。

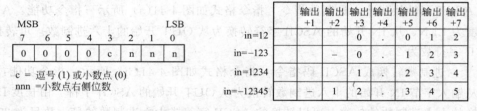

MSB　　　　　　　LSB

7	6	5	4	3	2	1	0
0	0	0	0	c	n	n	n

c ＝ 逗号 (1) 或小数点 (0)
nnn ＝小数点右侧位数

	输出+1	输出+2	输出+3	输出+4	输出+5	输出+6	输出+7
in=12			0	.	0	1	2
in=-123		-	0	.	1	2	3
in=1234			1	.	2	3	4
in=-12345	-	1	2	.	3	4	5

图 4-44　整数转换为 ASCII（ITA）指令的 FMT 操作数

② 双整数转换成 ASCII 码指令　指令格式如图 4-43（b）所示。指令功能：双精度整数转换为 ASCII 指令可将双字 IN 转换为 ASCII 字符数组。格式参数 FMT 指定小数点右侧的转换精度。得出的转换结果将存入以 OUT 开头的 12 个连续字节中。

DTA 指令的 OUT 比 ITA 指令多 4 个字节，其余都和 ITA 指令一样。

图 4-45 给出了一个将双整数转换为 ASCII（DTA）指令的 FMT 操作数的示例，其格式为使用小数点（c＝0），小数点右侧有 4 位（nnn＝100）。

MSB　　　　　　　LSB

7	6	5	4	3	2	1	0
0	0	0	0	c	n	n	n

c ＝ 逗号 (1) 或小数点 (0)
nnn ＝小数点右侧位数

	输出	输出+1	输出+2	输出+3	输出+4	输出+5	输出+6	输出+7	输出+8	输出+9	输出+10	输出+11
输入=12						-	0	.	0	0	1	2
输入=1234567					1	2	3	.	4	5	6	7

图 4-45　双整数转换为 ASCII（DTA）指令的 FMT 操作数

③ 实数转换成 ASCII 码指令　指令格式如图 4-43（c）所示。指令功能：实数转换为 ASCII 指令可将实数值 IN 转换成 ASCII 字符。格式参数 FMT 会指定小数点右侧的转换精度、小数点显示为逗号还是句点以及输出缓冲区大小。得出的转换结果会存入以 OUT 开头

的输出缓冲区中。得出的 ASCII 字符数（或长度）就是输出缓冲区的大小，其值在 3～15 个字节或字符之间。

实数格式最多支持 7 位有效数字。尝试显示 7 位以上的有效数字将导致舍入错误。

图 4-46 显示了 RTA 指令的格式操作数（FMT）。通过 ssss 字段分配输出缓冲区的大小。0、1 或 2 个字节大小无效。输出缓冲区中小数点右侧的位数由 nnn 字段分配。nnn 字段的有效范围是 0～5。如果分配 0 位数到小数点右侧，则转换后的值无小数点。如果 nnn 的值大于 5 或者分配的输出缓冲区太小以致无法存储转换后的值，则使用 ASCII 空格填充输出缓冲区。c 位指定使用逗号（c＝1）还是小数点（c＝0）作为整数部分与小数部分之间的分隔符。

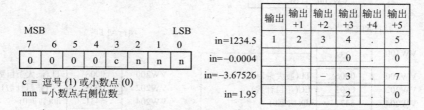

图 4-46　实数转换为 ASCII（RTA）指令的 FMT 操作数

图 4-46 给出了实数转换为 ASCII（RTA）指令的 FMT 操作数的示例，其格式为使用小数点（c＝0），小数点右侧有一位（nnn＝001），缓冲区的大小为六个字节（ssss＝0110）。

【例 4-18】　执行程序：RTA：VD2，VB10，16#A3。程序与执行结果如图 4-47 所示。

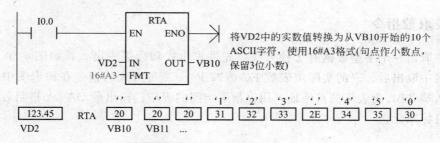

图 4-47　程序与执行结果

任务 4.8　认识表功能指令

4.8.1　填表指令

指令格式如图 4-48 所示。

指令功能：填表指令向表格 TBL 中添加字值 DATA。表格中的第一个值为最大表格长度 TL。第二个值是条目计数 EC，用于存储表格中的条目数，并自动更新。新数据添加到表格中最后一个条目之后。每次向表格中添加新数据时，条目计数将加 1。一个表格最多可有 100 个数据条目。

图 4-48　填表指令

【例 4-19】 填表指令程序举例如图 4-49 所示。

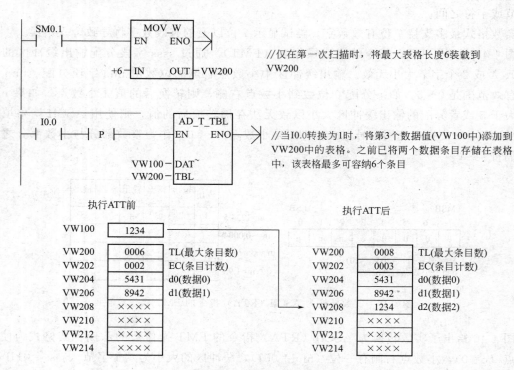

图 4-49 填表指令程序举例

4.8.2 表取数指令

从表中取出一个字型数据有 2 种方式：先进先出式和后进先出式，如图 4-50 所示。一个数据从表中取出后，表的实际填表数 EC 值减少 1。2 种方式的指令在梯形图中有 2 个数据端：输入端 TBL 为表格的首地址，用以指明访问的表格；输出端 DATA 指明数据取出后要存放的目标单元。

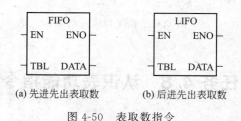

(a) 先进先出表取数　　(b) 后进先出表取数

图 4-50 表取数指令

如果指令试图从空表中取走数值，则特殊标志存储器位 SM1.5 置位。

（1）先进先出指令

指令格式如图 4-50(a) 所示。

指令功能：先进先出指令将表中的最早（或第一个）条目移动到输出存储器地址，具体操作是移走指定表格（TBL）中的第一个条目并将该值移动到 DATA 指定的位置。表格中的所有其他条目向上移动一个位置。每次执行 FIFO 指令时，表中的条目计数值减 1。

(2) 后进先出指令

指令格式如图 4-50(b) 所示。

指令功能：后进先出指令将表中的最新（或最后一个）条目移动到输出存储器地址，具体操作是移走表格（TBL）中的最后一个条目并将该值移动到 DATA 指定的位置。每次执行 LIFO 指令时，表中的条目计数值减 1。

【例 4-20】 先进先出、后进先出指令程序举例，如图 4-51 所示。

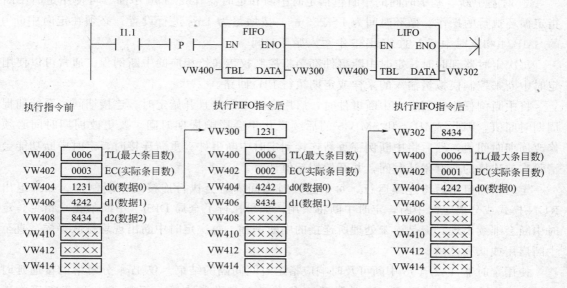

图 4-51　先进先出、后进先出指令的程序举例

任务 4.9　认识中断指令

4.9.1　中断事件

中断是指系统暂时中断正在执行的程序，而转到中断服务程序去处理其他事件，处理完毕后再返回原程序继续执行。和普通子程序不同的是，中断子程序是随机发生且必须立即响应的事件。能够用中断功能处理的特定事件称为中断事件。

(1) 中断类型

① 通信口中断　CPU 的串行通信端口可通过程序进行控制。通信端口的这种操作模式称为自由端口模式。在自由端口模式下，程序定义波特率、每个字符的位数、奇偶校验和协议。接收和发送中断可简化程序控制的通信。

② I/O 中断　I/O 中断包括上升/下降沿中断、高速计数器中断和脉冲串输出中断。CPU 可以为输入通道 I0.0、I0.1、I0.2 和 I0.3（以及带有可选数字量输入信号板的标准 CPU 的输入通道 I7.0 和 I7.1）生成输入上升和/或下降沿中断。可对这些输入点中的每一个捕捉上升沿和下降沿事件。这些上升沿/下降沿事件可用于指示在事件发生时必须立即处理的状况。

高速计数器中断可以对下列情况做出响应：当前值达到预设值，与轴旋转方向反向相对应的计数方向发生改变或计数器外部复位。这些高速计数器事件均可触发实时执行的操作，以响应在可编程逻辑控制器扫描速度下无法控制的高速事件。

脉冲串输出中断在指定的脉冲数完成输出时立即进行通知。脉冲串输出的典型应用为步进电动机的控制。

通过将中断例程连接到相关 I/O 事件来启用上述各中断。

③ 时基中断　基于时间的中断包括定时中断和定时器 T32/T96 中断。可使用定时中断指定循环执行的操作。循环时间为 1～255ms，按增量为 1ms 进行设置。必须在定时中断 0 的 SMB34 和定时中断 1 的 SMB35 中写入循环时间。

每次定时器到时时，定时中断事件都会将控制权传递给相应的中断例程。通常可以使用定时中断来控制模拟量输入的采样或定期执行 PID 回路。

将中断例程连接到定时中断事件时，启用定时中断并且开始定时。连接期间，系统捕捉周期时间值，因此 SMB34 和 SMB35 的后续变化不会影响周期时间。要更改周期时间必须修改周期时间值，然后将中断例程重新连接到定时中断事件。重新连接时，定时中断功能会清除先前连接的所有累计时间，并开始用新值计时。

定时中断启用后将连续运行，每个连续时间间隔后会执行连接的中断例程。如果退出 RUN 模式或分离定时中断，定时中断将禁用。如果执行了全局 DISI（中断禁止）指令，定时中断会继续出现，但是尚未处理所连接的中断例程。每次定时中断出现均排队等候，直至中断启用或队列已满。

使用定时器 T32/T96 中断可及时响应指定时间间隔的结束。仅 1ms 分辨率的接通延时（TON）和断开延时（TOF）定时器 T32 和 T96 支持此类中断，否则 T32 和 T96 正常工作。启用中断后，如果在 CPU 中执行正常的 1ms 定时器更新期间，激活定时器的当前值等于预设时间值，将执行连接的中断例程。可通过将中断例程连接到 T32（事件 21）和 T96（事件 22）中断事件来启用这些中断。

（2）中断优先级

中断事件各有不同的优先级别，S7-200 SMART 系统为每个中断事件规定了中断事件号，中断事件号及其优先级如表 4-10 所示。同时出现多个中断，队列中优先级高的中断事件首先得到处理，优先级相同的中断事件先到先处理。一旦中断程序开始执行，它要一直执行到结束，而不会被别的中断程序，甚至是更高优先级的中断程序所打断。当另一个中断正在处理中，新出现的中断需排队等待。

表 4-10　中断事件号及其优先级

优先级组	事件号	中断描述
通信 （最高优先级）	8	端口 0 接收字符
	9	端口 0 发送完成
	23	端口 0 接收消息完成
	24	端口 1 接收消息完成
	25	端口 1 接收字符
	26	端口 1 发送完成

优先级组	事件号	中断描述
	19	PLS0 脉冲计数完成
	20	PLS1 脉冲计数完成
	34	PLS2 脉冲计数完成
	0	I0.0 上升沿
	2	I0.1 上升沿
	4	I0.2 上升沿
	6	I0.3 上升沿
	35	I7.0 上升沿(信号板)
	37	I7.1 上升沿(信号板)
I/O	1	I0.0 下降沿
(中等优先级)	3	I0.1 下降沿
	5	I0.2 下降沿
	7	I0.3 下降沿
	36	I7.0 下降沿(信号板)
	38	I7.1 下降沿(信号板)
	12	HSC0 CV=PV(当前值=预设值)
	27	HSC0 方向改变
	28	HSC0 外部复位
	13	HSC1 CV=PV(当前值=预设值)
	16	HSC2 CV=PV(当前值=预设值)
	17	HSC2 方向改变
	18	HSC2 外部复位
	32	HSC3 CV=PV(当前值=预设值)
	10	定时中断 0 SMB34
时基	11	定时中断 1 SMB35
(最低优先级)	21	定时器 T32 CT=PT 中断
	22	定时器 T96 CT=PT 中断

4.9.2 中断指令的类型

(1) 中断连接指令

指令格式如图 4-52 所示。

指令功能:中断连接指令将中断事件 EVNT 与中断例程编号 INT 相关联,并启用中断事件。

（2）中断分离指令

指令格式如图 4-53 所示。

指令功能：中断分离指令解除中断事件 EVNT 与所有中断例程的关联，并禁用中断事件。

（3）清除中断事件指令

指令格式如图 4-54 所示。

指令功能：清除中断事件指令从中断队列中移除所有类型为 EVNT 的中断事件。使用该指令可将不需要的中断事件从中断队列中清除。如果该指令用于清除假中断事件，则应在从队列中清除事件之前分离事件。否则在执行清除事件指令后，将向队列中添加新事件。

图 4-52　中断连接指令　　　　图 4-53　中断分离指令　　　　图 4-54　清除中断事件指令

（4）开中断及关中断指令

指令格式如图 4-55 所示。

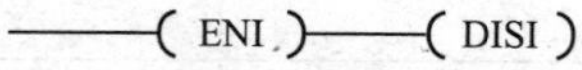

——（ ENI ）——（ DISI ）

图 4-55　开中断及关中断指令

指令功能：开中断指令（ENI）中断允许指令，全局性启动全部中断事件。关中断指令（DISI）中断禁止指令，全局性关闭全部中断事件。

（5）中断返回指令

指令格式如图 4-56 所示。

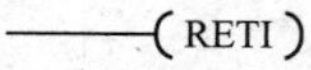

——（ RETI ）

图 4-56　中断返回指令

指令功能：条件中断返回指令，可用于根据先前逻辑条件从中返回。

注：中断服务程序执行完毕后会自动返回，而 RETI 是条件中断返回，用在中断程序中间。

4.9.3　中断程序举例

【例 4-21】　输入信号沿检测器中断。输入信号沿检测器中断程序如图 4-57 所示。

【例 4-22】　用于读取模拟量输入值的定时中断。读取模拟量输入值的定时中断如图 4-58 所示。

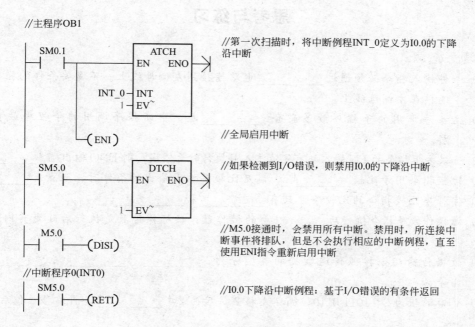

//主程序OB1

//第一次扫描时，将中断例程INT_0定义为I0.0的下降沿中断

//全局启用中断

//如果检测到I/O错误，则禁用I0.0的下降沿中断

//M5.0接通时，会禁用所有中断。禁用时，所连接中断事件将排队，但是不会执行相应的中断例程，直至使用ENI指令重新启用中断

//中断程序0(INT0)

//I0.0下降沿中断例程：基于I/O错误的有条件返回

图 4-57　输入信号沿检测器中断程序

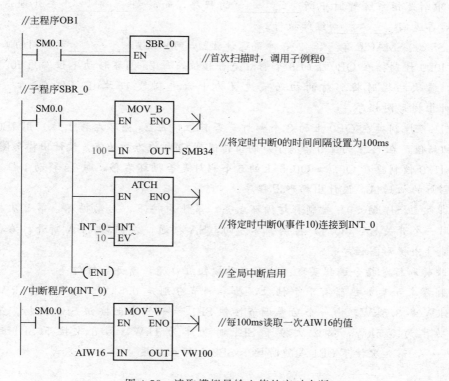

//主程序OB1

//首次扫描时，调用子例程0

//子程序SBR_0

//将定时中断0的时间间隔设置为100ms

//将定时中断0(事件10)连接到INT_0

//全局中断启用

//中断程序0(INT_0)

//每100ms读取一次AIW16的值

图 4-58　读取模拟量输入值的定时中断

思考与练习

1. 填空题

（1）条件输入指令必须通过＿＿＿＿＿＿电路连接到左侧母线上。不需要条件的指令必须＿＿＿＿＿＿连接在左侧母线上。

（2）主程序调用的子程序最多嵌套＿＿＿＿＿＿层，中断程序调用的子程序最多嵌套＿＿＿＿＿＿层。

（3）如果方框指令的 EN 输入端有能流流入且执行时无错误，则 ENO 输出端＿＿＿＿＿＿。

（4）比较指令用于比较＿＿＿＿＿＿，满足比较关系式给出的条件时，触点＿＿＿＿＿＿。

（5）字符串比较指令的比较条件只有＿＿＿＿＿＿和＿＿＿＿＿＿。

（6）源操作数是指令执行后＿＿＿＿＿＿的操作数；目标操作数是执行后改变其内容的操作数。

（7）数据传输指令按照传送数据的类型分为＿＿＿＿＿＿、＿＿＿＿＿＿、＿＿＿＿＿＿或＿＿＿＿＿＿等。

（8）VB0 的值为 2＃1011 0110，循环左移 2 位后为 2＃＿＿＿＿＿＿，再右移 2 位后为 2＃＿＿＿＿＿＿。

（9）执行"JMP1"指令的条件＿＿＿＿＿＿时，将不执行该指令和＿＿＿＿＿＿指令之间的指令。

（10）中断是指系统暂时中断＿＿＿＿＿＿的程序，而转到＿＿＿＿＿＿去处理这些事件，处理完毕后再返回＿＿＿＿＿＿继续执行。

（11）S7-200 SMART 有＿＿＿＿＿＿个高速计数器，可以设置＿＿＿＿＿＿种不同的工作模式。

2. 用 I0.0 控制接在 QB0 上的 8 个彩灯是否移位，每 2s 循环移动 1 位。用 I0.1 控制左移或右移，首次扫描时将彩灯的初始值设置为十六进制数 16＃0E（仅 Q0.1～Q0.3 为 ON），设计出梯形图程序。

3. 用 I1.0 控制接在 QB0 上的 8 个彩灯是否移位，每 2s 循环左移 1 位。用 IB0 设置彩灯非 0 的初始值，在 I1.1 的上升沿将 IB0 的值传送到 QB0 作为初始值，设计出梯形图程序。

4. 用 I1.0 控制接在 Q0.0～Q0.5 上的 6 个彩灯是否循环右移，每 1s 移动 1 位。首次扫描时设置彩灯的初始值，设计出梯形图程序。

5. 用单按钮 SB（I0.0）控制彩灯循环点亮，第 1 次按下，启动循环，第 2 次按下，停止循环。用一个开关 SA（I0.1）控制循环方向，SA 接通，左循环，SA 断开，右循环，由此交替。设计出梯形图程序。

6. 用跳转和标号指令编程实现：按下启动按钮红灯亮，断开后绿灯亮。

7. 控制要求：某加热器有 7 个挡位，功率调节分别是 0.5kW、1kW、1.5kW、2kW、2.5kW、3kW 和 3.5kW，由一个功率调节按钮 SB1 和一个停止按钮 SB2 控制。第 1 次按下 SB1 时功率为 0.5kW，第 2 次按下 SB1 时功率为 1kW，第 3 次按下 SB1 时功率为 1.5kW，……，第 8 次按下 SB1 或随时按下 SB2 时停止加热。

S7-200 SMART PLC顺序
控制梯形图程序设计

【项目案例】

电动机顺序控制运料小车的启动、停止。

【项目分析】

系统控制要求如下：①系统启动后，首先在原位装料；15s 后装料停止，小车右行；至行程开关 SQ2 处，开始卸料；10s 后，卸料停止，小车左行；至行程开关 SQ1 处，左行停止，开始装料。如此循环，直到停止工作。②根据控制要求，对系统输入/输出点地址进行分配。③设计功能图，根据功能图，画出梯形图，写出语句表。

【学习目标】

一、知识目标

① 了解顺序控制设计方法及含义。

② 掌握单序列、选择序列和并行序列顺序控制功能图结构。

③ 掌握 SCR 指令的基本格式。

二、能力目标

① 能根据控制要求画出顺序功能图。

② 能根据顺序功能图，编写梯形图程序。

三、思政目标

① 使学生对课程内容的探索、思考积极介入，使知识融入学生个人知识体系。

② 对于新知识不要有畏难情绪，培养学生对职业要有敬畏之心，要发奋努力并有锲而不舍的精神。

任务 5.1 顺序控制设计法与顺序功能图认知

顺序控制指令
的使用

5.1.1 顺序控制设计法

所谓顺序控制，就是按照预先规定的生产工艺顺序，在各输入信号的作用下，根据内部状态和时间的顺序，各执行机构按照生产流程自动有秩序地进行操作。

顺序控制设计法首先要根据系统的工艺过程，画出顺序功能图（Sequential Function Chart，SFC），然后根据顺序控制功能图画出梯形图。

5.1.2 功能图的概念

功能图是一种通用的技术语言，是用于描述控制系统的控制过程、功能和特性的一种图形。功能图并不涉及所描述的控制功能的具体技术，因此，功能图也可用于不同专业的人员进行技术交流。

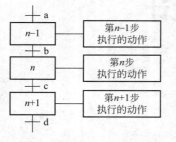

图 5-1 功能图的一般形式

图 5-1 所示为功能图的一般形式。其组成要素有步、转换、转换条件、有向连线和动作等。

构成顺序功能图的基本元素是顺控继电器，又称状态元件。S7-200 SMART 系列 PLC 顺控继电器共 256 位，采用八进制编号（S0.0～S0.7、S1.0～S1.7、…、S31.0～S31.7）。

5.1.3 步与动作

(1) 步的基本概念

分析被控对象的工作过程及控制要求时，将系统的工作过程划分成若干阶段，这些阶段称为"步"（step）。顺序控制设计法最基本的思想是将系统的一个工作周期划分为若干个顺序相连的步，并利用编程元件（如辅助继电器 M 和顺序控制继电器 S）来代表各步。这种设计方法容易被初学者接受，程序的调试、修改和阅读也很容易，并且缩短了设计周期，提高了设计效率。步分为初始步、活动步两种形式。

① 初始步　与系统的初始状态相对应的步称为初始步，顺序控制过程的初始状态用初始步表示。初始步用双线框表示，每个顺序功能图至少应该有一个初始步，框内的数字是该步的编号。

② 活动步　当系统正处于某一步所在的阶段时，称该步为"活动步"。步处于活动状态时，相应的动作被执行；处于不活动状态时，相应的非存储型动作停止执行。

(2) 动作

所谓"动作"是指某步活动时，PLC 向被控系统发出的命令，或被控系统应该执行的动作。动作用矩形框中的文字或符号表示，该矩形框应与相应步的矩形框相连接。如果某一步有几个动作，可以用图 5-2 所示的两种画法来表示，但这些动作之间没有顺序先后的问题。

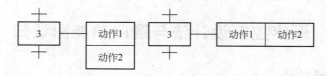

图 5-2 两个动作的画法

当步处于活动状态时，相应的动作才会被执行。但应注意动作是保持型还是非保持型的。保持型的动作是指该步活动时执行该动作，该步变为不活动后也继续执行该动作；非保持型动作是指该步活动时执行,该步变为不活动时停止执行。一般保持型动作在功能图中应该用文字或助记符标注,而非保持型动作则不标注。

5.1.4　有向连线、转换和转换条件

(1) 连线

步与步之间用有向连线连接,并且用转换将步分隔开。步的活动状态执行是按有向连线规定的路线进行。有向连线上无箭头标注时,其执行方向是从上到下、从左到右。如果不是上述方向,应在有向连线上用箭头注明方向。步的活动状态的执行是由转换来完成的。

(2) 转换

转换是用与有向连线垂直的短画线来表示的。步与步之间不允许直接相连,必须用转换隔开,而转换与转换之间也同样不能直接相连,必须用步隔开。转换条件可以用图形符号、文字语言或布尔代数表达式标注在表示转换的短画线旁边。

(3) 转换的实现

步与步之间实现转换应同时具备两个条件:①对应的转换条件成立;②前级步必须是"活动步"。

同时具备以上两个条件,才能实现步的转换,即所有由有向连线与相应转换符号相连的后续步都变为活动,而所有由有向连线与相应转换符号相连的前级步都变为不活动。例如,图 5-1 中 n 步为活动步的情况下转换条件 c 成立,则转换实现,即 $n+1$ 步变为活动,而 n 步变为不活动。如果转换的前级步或后续步不止一个,则同步实现转换。

任务 5.2　顺序功能图的基本结构认知

根据步与步之间转换的不同情况,顺序功能图有 3 种不同的基本结构形式:单序列、选择序列和并行序列。顺序功能图的 3 种基本结构如图 5-3 所示。

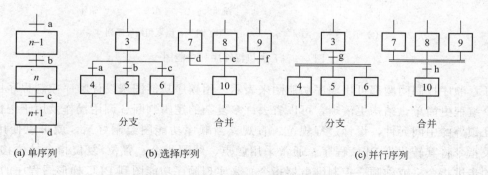

图 5-3　顺序功能图的 3 种基本结构

(1) 单序列

单序列的特点是顺序功能图中没有分支与合并。每一步后仅有一个转换和一个步组成,如图 5-3(a) 所示。

顺序控制指令
之分支跳转

（2）选择序列

选择序列的顺序功能图有分支与合并2种类型，如图5-3（b）所示。如果步3是活动步，并且转换条件a、b、c中有某一个成立，则会分别执行分支的步4、5、6；选择序列的结束称为合并，如果步7、8、9中有一个是活动步，并且对应分支的转换条件d、e、f成立，则会执行步10。转换符号只允许标在水平连线之上。

（3）并行序列

并行序列用来表示系统的几个同时工作的独立部分的工作情况。为了强调转换的同步实现，水平连线用双线表示。并行序列也有2种类型：分支与合并，如图5-3（c）所示。并行序列的开始称为分支，当步3是活动步，并且转换条件g成立，从步3转换到步4、5、6。并行序列的结束称为合并，在水平双线之下，只允许有一个转换符号h。步7、8、9都处于活动状态，并且转换条件h成立时，从步7、8、9转换到步10。

顺序功能图除以上3种基本结构外，在绘制复杂控制系统功能图时，为了在总体设计时容易抓住系统的主要矛盾，能更简洁地表示系统的整体功能和全貌，通常采用"子步"的结构形式，可避免一开始就陷入某些细节中。此外，在实际使用中还经常碰到一些特殊序列，如跳步、重复和循环序列等。子步和特殊序列功能图如图5-4所示。

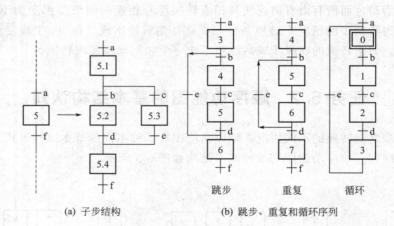

顺序控制指令
之并行跳转

　　　　　　（a）子步结构　　　　　　　　　　（b）跳步、重复和循环序列

图5-4　子步和特殊序列功能图

任意顺序控制问题都可用顺序功能图来表示。用顺序功能图来设计顺序控制程序比直接用指令编程更简单，结构更清晰，可以省去许多复杂的逻辑判断、调用操作及用于记忆、联锁、互锁等的中间元件，设计过程规范、直观。当顺序功能图绘制好后，就可以使用PLC的有关指令将其转化为PLC程序。通常采用触点、线圈指令、置位/复位指令、位移指令、专用的步进指令（或称顺序控制继电器指令）来实现顺序功能图到PLC梯形图程序的转化。

特别注意，绘制顺序功能图时应注意以下4点。

① 两个步绝对不能直接相连，必须用一个转换将其分隔开。

② 两个转换也不能直接相连，必须用一个步将其分隔开。

③ 不要漏掉初始步。

④ 除了单流程的，一般复杂的顺序功能图中应有由步和有向连线组成的闭环。

任务 5.3　使用 SCR 指令的顺序控制梯形图设计

5.3.1　顺序控制继电器指令

（1）顺序控制继电器指令概述

顺序控制继电器（SCR）指令专门用于编制顺序控制程序，通常称为顺序控制指令。

装载顺序控制指令"LSCR　S_bit"用来表示一个 SCR 段的开始。S_bit 是顺序控制指令的地址，该顺序控制指令为 ON 时，执行对应的 SCR 段中的程序，反之则不执行。顺序控制指令结束指令（SCRE）用来表示 SCR 段的结束。顺序控制程序被划分为 LSCR 与 SCRE 指令之间的若干个 SCR 段，一个 SCR 段对应于顺序功能图中的一步。

顺序控制指令转换指令"SCRT　S_bit"的线圈通电时，用 S_bit 指定后续步对应的 SCR 被置位为 ON，同时当前活动步对应的 SCR 被操作系统复位为 OFF，当前步变为不活动步。

（2）顺序控制指令使用注意事项

① 顺序控制指令 SCR 只对状态元件 S 有效。为了保证程序的可靠运行，驱动状态元件 S 的信号应采用短脉冲。

② 通过置位/复位（S/R）指令，使某标志位继电器置位或复位，从而达到使相应步激活或失效的目的。

③ 不能把同一编号的状态元件用在不同的程序中，如在主程序中用了 S0.1，在子程序中就不能再使用 S0.1。

④ 在 SCR 段中不能使用 JMP 和 LBL 指令，即不允许跳入、跳出或在内部跳转。

⑤ 在 SCR 段中不能使用 FOR、NEXT 和 END 指令。

⑥ 当需要把执行动作转为从初始条件开始再次执行时，需要复位所有的状态，包括初始状态。

5.3.2　顺序控制指令程序案例

首先对项目案例——运料小车的启动、停止，用顺序控制指令进行讲解。

（1）电动机顺序控制运料小车的启动、停止

系统控制要求见【项目分析】。

该案例项目可分为以下三个步骤完成。

① 根据控制要求，对系统输入/输出点地址进行分配。

② 设计顺序功能图。

③ 根据顺序功能图，画出梯形图，写出语句表。

（2）运料小车示意图

运料小车的装料、卸料示意图如图 5-5

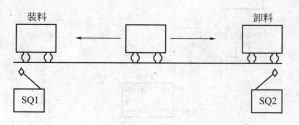

图 5-5　运料小车的装料、卸料示意图

所示。

（3）输入/输出点地址分配

根据控制要求，对运料系统进行输入/输出点地址分配，如表 5-1 所示。

表 5-1　输入/输出点地址分配

输入		输出	
I0.0	启动按钮 SB1	Q0.0	装料 YV1
I0.1	停止按钮 SB2	Q0.1	卸料 YV2
I0.2	SQ1	Q0.2	右行 KM1
I0.3	SQ2	Q0.3	左行 KM2

（4）顺序功能图

根据运料小车的控制要求，画出的顺序功能图如图 5-6 所示。

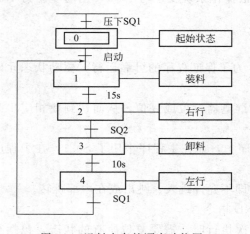

图 5-6　运料小车的顺序功能图

（5）梯形图程序

根据运料小车的顺序控制功能图，编写梯形图程序，如图 5-7 所示。

其次，通过以下三个案例进一步理解顺序控制指令。

【例 5-1】　舞台三色灯控制案例。

控制要求：根据舞台灯光效果的要求来控制红、绿、黄三色灯。要求是红灯先亮，2s 后绿灯亮，再过 3s 后黄灯亮。待红、绿、黄灯全亮 3min 后，全部熄灭。舞台三色灯控制梯形图程序如图 5-8所示。

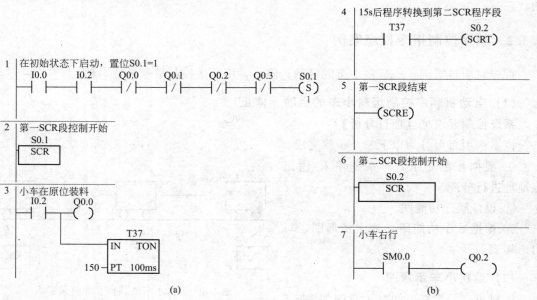

(a)

(b)

104

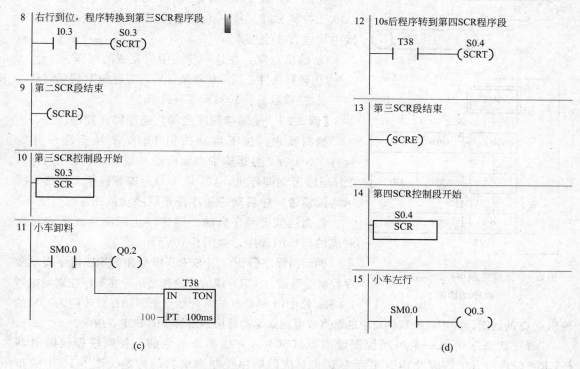

图 5-7   运料小车梯形图程序

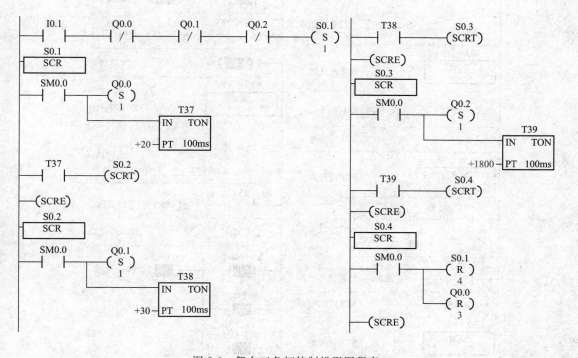

图 5-8   舞台三色灯控制梯形图程序

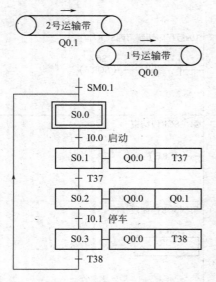

图 5-9 运输带顺序启动、逆序停止
顺序功能图

在图 5-8 中，Q0.0 控制红灯，Q0.1 控制绿灯，Q0.2 控制黄灯。每一个顺序控制继电器（SCR）程序段中均包含 3 个要素。

① 输出对象：在这一步序中应完成的动作。

② 转移条件：满足转移条件后，实现 SCR 段的转移。

③ 转移目标：转移到下一个步序。

【例 5-2】 运输带顺序启动，逆序停止控制。

控制要求：按下启动按钮 I0.0，1 号运输带开始运行，10s 后 2 号运输带自动启动。按下停机按钮 I0.1，2 号运输带立即停机，10s 后 1 号运输带停机。图 5-9 所示为运输带顺序启动、逆序停止顺序功能图。

根据运输带顺序启动、逆序停止顺序功能图，写出对应的梯形图程序，如图 5-10 所示。

梯形图程序分析：用 SCRT 指令和 SCRE 指令表示顺序控制继电器（SCR）段的开始和结束。在顺序控制继电器（SCR）段中用 SM0.0 的常开触点来驱动在该步应为 ON 的输出点 Q 的线圈，并用转换条件对应的触点或电路来驱动转换到后续步的 SCRT 指令。

"程序状态"中每一个顺序控制继电器（SCR）方框都是蓝色的。各顺序控制继电器（SCR）段内所有的线圈和指令实际上受到对应的顺序控制继电器的控制。图 5-10 中的步

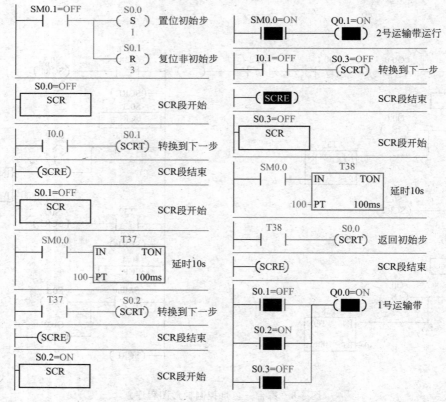

图 5-10 运输带顺序启动、逆序停止梯形图程序

106

S0.2 为活动步, 只执行指令 "SCR S0.2" 开始的顺序控制继电器 (SCR) 段内的程序, 该顺序控制继电器 (SCR) 段内控制 Q0.1 的 SM0.0 的常开触点闭合, SCRE 线圈通电。此时其他顺序控制继电器 (SCR) 段内的触点、线圈和定时器方框均为灰色, SCRE 线圈断电。

首次扫描时, 将初始步对应的 S0.0 置位, 只执行 S0.0 对应的 SCR 段, 将其他步对应的 S0.1~S0.3 复位。按下启动按钮 I0.0, 指令 "SCRT S0.1" 对应的线圈得电, 使 S0.1 变为 ON, 操作系统使 S0.0 变为 OFF, 系统从初始步转换到第 2 步, 只执行 S0.1 对应的顺序控制继电器 (SCR) 段, 在该段中 T37 开始定时。S0.1 的常开触点闭合, Q0.0 的线圈通电, 2 号运输带开始运行。T37 的定时时间到时, 其常开触点闭合, 转换到步 S0.2……

Q0.0 在 S0.1~S0.3 这 3 步中均应工作, 不能在这 3 步的顺序控制继电器 (SCR) 段内分别设置一个 Q0.0 的线圈, 所以用各顺序控制继电器 (SCR) 段之外的 S0.1~S0.3 的常开触点组成的并联电路来驱动一个 Q0.0 的线圈。

【例 5-3】 电动机 Y-△形降压启动控制电路与程序。

控制要求: 按下启动按钮 SB2, 电动机 Y 形连接启动, 延时 6s 后自动转为△形连接运行。按下停止按钮 SB1, 电动机停止。PLC 输入/输出端口分配见表 5-2。

表 5-2　I/O 分配

输入			输出		
输入继电器	输入元件	作用	输出继电器	输出元件	作用
I0.0	KH 常闭触点	过载保护	Q0.1	KM1	电源接触器
I0.1	SB1 常闭触点	停止按钮	Q0.2	KM2	Y 形接触器
I0.2	SB2 常开触点	启动按钮	Q0.3	KM3	△形接触器

电动机 Y-△形降压启动控制电路如图 5-11 所示。Y-△形降压启动的工序图如图 5-12 所示。顺序控制功能图如图 5-13 所示。

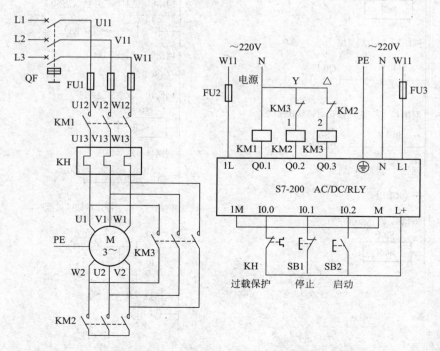

图 5-11　电动机 Y-△形降压启动控制电路

Y-△形降压启动的梯形图程序如图 5-14 所示。

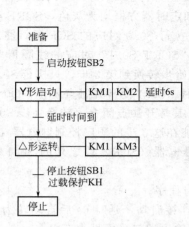

图 5-12 Y-△形降压启动工序图

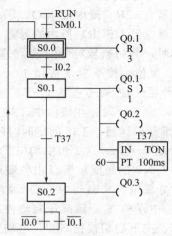

图 5-13 顺序控制的功能图

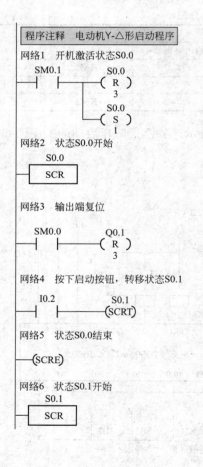

(a)

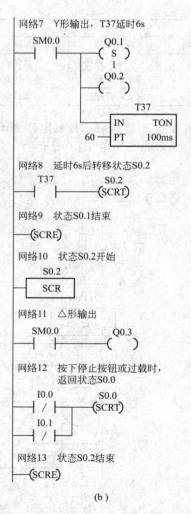

(b)

图 5-14 Y-△形降压启动的梯形图程序

任务 5.4　使用置位/复位指令的顺序控制梯形图设计

5.4.1　单序列的编程方法

(1) 步的控制电路的设计

在梯形图中，用编程元件（例如 M）代表步，当某步为活动步时，该步对应的编程元件为 ON。当该步之后的转换条件满足时，转换条件对应的触点或电路接通。

将转换条件对应的触点或电路与代表所有前级步的编程元件的常开触点串联，作为与转换实现的两个条件同时满足对应的电路。该电路接通时，将所有后续步对应的存储器位置位，和将所有前级步对应的存储器位复位。下面介绍 2 个使用置位、复位指令的例子。

① 图 5-15 中的转换条件对应于 I0.1 的常闭触点和 I0.3 的常开触点组成的并联电路，两个前级步对应于 M1.0 和 M1.1，所以将 M1.0 和 M1.1 的常开触点组成的串联电路与 I0.1 和 I0.3 的触点组成的并联电路串联，作为转换实现的两个条件同时满足对应的电路。该电路接通时，将代表前级步的 M1.0 和 M1.1 复位，同时将代表后续步的 M1.2 和 M1.3 置位。

② 顺序功能图如图 5-16 所示，梯形图程序如图 5-17 所示。图中用 SM0.1 的常开触点，将初始步 M0.0 置位为活动步，将非初始步 M0.1～M0.3 复位为不活动步。

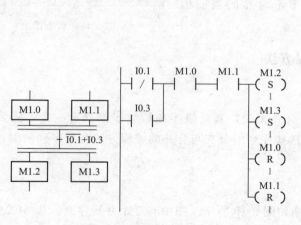

图 5-15　转换的同步实现

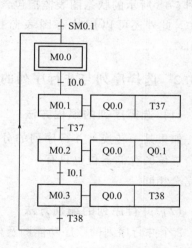

图 5-16　顺序功能图

初始步 M0.0 下面的转换条件为 I0.0，用 M0.0 和 I0.0 的常开触点组成的串联电路来表示转换实现的两个条件。该电路接通时，两个条件同时满足。用置位指令将后续步对应的 M0.1 置位，用复位指令将前级步对应的 M0.0 复位。每一个转换对应一块这样的电路。

(2) 输出电路的设计

Q0.1 仅在步 M0.2 为 ON，因此用 M0.2 的常开触点控制 Q0.1 的线圈。T37 仅在步 M0.1 为活动步时定时，因此用 M0.1 的常开触点控制 T37。动作 Q0.0 在步 M0.1～M0.3 均为 ON，将 M0.1～M0.3 的常开触点并联后，来控制 Q0.0 的线圈。

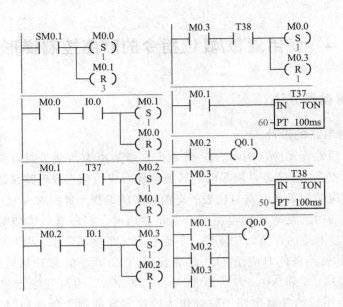

图 5-17　梯形图程序

（3）程序的调试

应根据顺序功能图而不是梯形图来调试顺序控制程序。用图 5-18 所示的状态图表监控包含所有步和动作的 MB0 和 QB0。此外还可以用状态图表监控两个定时器的当前值和 IB0。

	地址	格式	当前值
1	MB0	二进制	2#0000_0010
2	QB0	二进制	2#0000_0001
3	T37	有符号	+54
4	T38	有符号	+0

图 5-18　状态图表

5.4.2 选择序列与并行序列的编程方法

（1）选择序列的编程方法

如果某一转换与并行序列的分支、合并无关，其前级步和后续步都只有一个，需要复位、置位的存储器位也只有一个，因此选择序列的分支与合并的编程方法与单序列的编程方法完全相同。

（2）并行序列的编程方法

2 个并行序列的顺序功能图及梯形图如图 5-19 所示。图中有 2 个并行序列：步 M0.2 之后有一个并行序列的分支，用 M0.2 和转换条件 I0.3 的常开触点组成的串联电路，将后续步对应的 M0.3 和 M0.5 同时置位，将前级步对应的 M0.2 复位。另一个并行序列是在 I0.6 对应的转换之前有一个并行序列的合并，用 2 个前级步 M0.4 和 M0.6 的常开触点和转换条件 I0.6 的常开触点组成的串联电路，将后续步对应的 M0.0 置位，将前级步对应的 M0.4、M0.6 复位。

调试复杂的顺序功能图对应的程序时，应充分考虑各种可能的情况，对系统的各种工作方式、顺序功能图中的每一条支路、各种可能的进展路线，都应逐一检查，不能遗漏。首先调试经过步 M0.1 的流程，然后调试跳过步 M0.1 的流程。应注意并行序列中各子序列的第一步是否同时变为活动步，最后一步是否同时变为不活动步。最后是否能返回初始步。

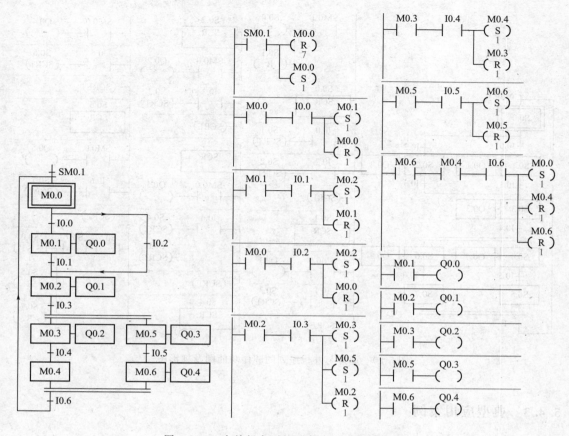

图 5-19　2 个并行序列的顺序功能图及梯形图

（3）选择序列与并行序列混合编程

① 选择序列的编程实现　在图 5-20 的选择与并行序列的顺序功能图及梯形图中，S0.0 为 ON 时，对应的 SCR 段被执行，此时若转换条件 I0.0 的常开触点闭合，指令"SCRT S0.1"被执行，从步 S0.0 转换到步 S0.1。如果 I0.2 的常开触点闭合，指令"SCRT S0.2"被执行，从步 S0.0 转换到步 S0.2。

步 S0.3 之前有一个选择序列的合并，当步 S0.1 为活动步（S0.1 为 ON），并且转换条件 I0.1 满足，或步 S0.2 为活动步，并且转换条件 I0.3 满足，步 S0.3 都应变为活动步。在步 S0.1 和步 S0.2 对应的 SCR 段中，分别用 I0.1 和 I0.3 的常开触点驱动指令"SCRT S0.3"，就能实现选择系列的合并。

② 并行序列的编程实现　步 S0.3 之后有一个并行序列的分支，用 S0.3 对应的 SCR 段中 I0.4 的常开触点同时驱动指令"SCRT S0.4"和"SCRT S0.6"，来将两个后续步同时置位为活动步。同时 S0.3 被操作系统自动复位。

步 S0.0 之前有一个并行序列的合并，因为转换条件为 1，将 S0.5 和 S0.7 的常开触点串联，来控制对 S0.0 的置位和对 S0.5、S0.7 的复位。

111

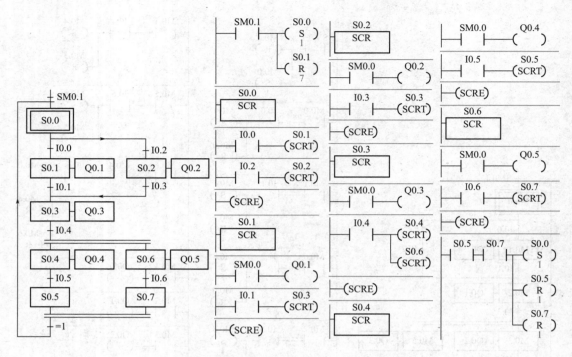

图 5-20　选择与并行序列的顺序功能图及梯形图

5.4.3　典型应用案例

【例 5-4】　电动机三速控制电路与梯形图程序。

电动机三速控制的要求如下所示。

① 按下启动/调速按钮，电动机逐级升速，即低速状态→中速状态→高速状态。

② 在高速状态下按下启动/调速按钮，电动机降速，即高速状态→中速状态。

③ 在任何状态下按下停止按钮，电动机停止工作。

（1）电动机三速控制的 I/O 分配

电动机三速控制的 I/O 端口分配如表 5-3 所示。

表 5-3　I/O 端口分配

输入			输出		
输入继电器	输入元件	作用	输出继电器	输出元件	控制对象
I0.1	SB1 常闭触点	停止	Q0.1	继电器 KA1	变频器低速控制端
I0.2	SB2 常开触点	启动/调速	Q0.2	继电器 KA2	变频器中速控制端
			Q0.3	继电器 KA3	变频器高速控制端

（2）电动机三速控制电路图

电动机三速控制电路如图 5-21 所示。

（3）电动机三速顺序功能图

电动机三速顺序功能图如图 5-22 所示。

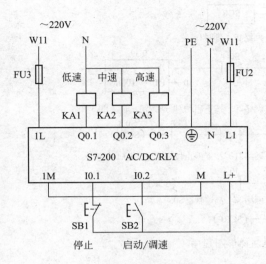

图 5-21 电动机三速控制电路

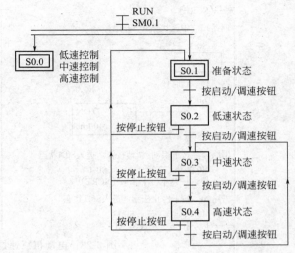

图 5-22 电动机三速顺序功能图

（4）电动机三速控制梯形图程序

电动机三速控制梯形图程序如图 5-23 所示。

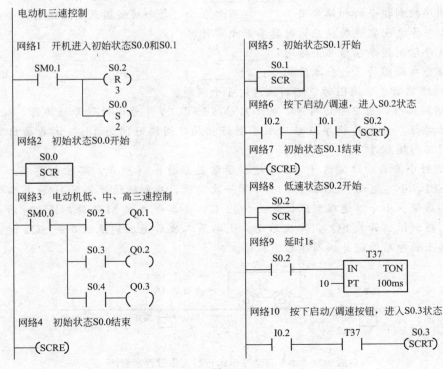

图 5-23

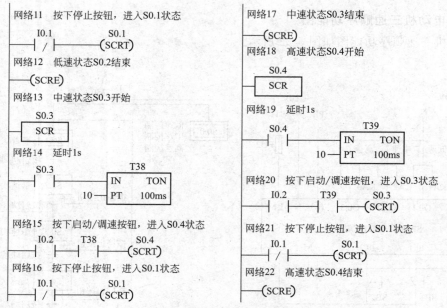

图 5-23　电动机三速控制梯形图程序

思考与练习

1. 填空题

（1）功能图的一般组成要素有＿＿＿＿、＿＿＿＿、＿＿＿＿、有向连线和动作等。

（2）顺序控制指令的初始步用＿＿＿＿＿图形表示，每个功能图至少应该有一个初始步。

（3）步与步之间实现转换应同时具备两个条件：＿＿＿＿＿＿＿＿、＿＿＿＿＿＿＿。

（4）顺序控制指令包括 3 条语句：＿＿＿＿＿＿、＿＿＿＿＿＿、＿＿＿＿＿。

（5）顺序功能图的 3 种基本结构是：＿＿＿＿＿＿、＿＿＿＿＿＿、＿＿＿＿＿。

2. 简述绘制顺序功能图时应特别注意的 4 个问题。

3. 单序列编程：有 2 条运输带，按下启动按钮 I0.0，1 号运输带开始运行，10s 后 2 号运输带自动运行。停止的顺序与启动顺序刚好相反，间隔时间为 10s。试着画出顺序功能图，并编写梯形图程序。

4. 某送料小车自动往返运行的工作过程示意图如图 5-24 所示，其控制要求如下：按下启动按钮 SB1，小车电动机 M 正转，小车第一次前进，碰到限位开关 SQ1 后小车电动机 M 反转，小车后退。小车后退碰到限位开关 SQ2 后，小车电动机 M 停转，停 10s 后，小车第二次前进，碰到限位开关 SQ3，再次后退。小车第二次后退碰到限位开关 SQ2 时，小车停止。试着画出顺序功能图并编写梯形图程序。

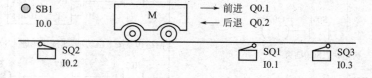

图 5-24　小车自动往返运行的工作过程示意图

项目6

PLC的通信与自动化通信网络认知

【项目案例】

通过实现 S7-200、S7-300 和 HMI 间的组网及通信控制，掌握 PLC 通信网络的组建以及各设备间的通信与控制方法。

【项目分析】

图 6-1 所示为西门子 PLC 的工业通信网络。该通信网络包括计算机、西门子 S7-200、西门子 S7-300 和触摸屏 HMI。该工业通信网络在使用以太网模块时，可以实现三种不同类型通信的应用：①将以太网模块与 STEP 7-Micro/WIN PLC 连接；②将以太网模块与其他 S7 组件（S7-200/S7-300）连接；③将以太网模块与 HMI 人机界面应用程序连接。

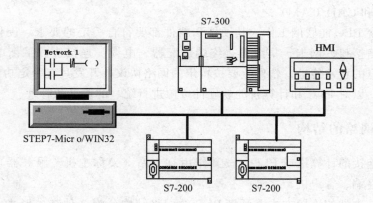

图 6-1　西门子 PLC 的工业通信网络

【学习目标】

一、知识目标

① 了解 PLC 的工业通信网络的含义及特点。

② 熟练掌握 PLC 工业通信网络的组成、功能和种类。

③ 掌握 PLC 通信组网的种类和实现方法。

二、能力目标

① 根据 PLC 联网通信的功能需求，能选择合适的通信方法。

② 根据不同通信方法，能够实现设备间的数据通信。

三、思政目标

① PLC 联网通信的难度很大，实践性很强，学生会有畏难情绪，培养学生对职业的敬畏、善于思考和敢于实践的精神。

② 具有吃苦耐劳的作风和爱岗敬业的精神。

任务 6.1　认识 PLC 网络基础

6.1.1　PLC 网络的含义

控制技术的发展提高了生产自动化的程度，设备和系统的控制需要较大的空间分布，控制系统的这种发展要求 PLC 具有分散控制的功能，因此，远程连接和通信功能成为 PLC 的基本性能之一。众所周知，工业机器人、机械手、自动生产线、数控机床、加工中心以及柔性制造系统等可编程设备给企业带来了巨大的生命力，从某种程度上说，工厂自动化程度的高低，可以用工厂中所拥有的通用计算机和工业计算机数量的多少来表征。为了充分发挥计算机和 PLC 的工作效能，达到"传输信息、共享资源、分散控制、集中管理"的目的，可以把 PLC 和 PLC，或 PLC 和通用计算机，按照一定的协议，通过特定的介质，连成一个网络，这就是常说的 PLC 网络。PLC 网络与目前的计算机网络相比，在结构、通信原理以及连接方式等方面都基本上是一致的，PLC 及其网络被公认为现代工业自动化三大支柱（PLC、机器人和 CAD/CAM）之一。

要想使多台 PLC 能联网工作，其硬件和软件都要符合一定的要求。硬件上一般要增加通信模块、通信接口、网卡、集线器、终端适配器、电缆、连接头、平衡电阻等设备和器件，以实现信息的正常传送；软件上要按特定的网络协议，开发具有一定功能的通信程序和网络系统程序，以对 PLC 和计算机的软硬件资源进行统一的调度和管理。

6.1.2　PLC 网络的结构

对于相互连接的计算机或 PLC，按其作用有主站（又称主机、服务器）和从站（又称从机、子站、终端、客户机）之分。

根据从站与主站的连接方式，可将 PLC 的网络结构分为 3 种基本形式（又称网络拓扑结构），如图 6-2 所示，为总线结构、环形结构和星形结构。在网络中通过传输线路互连的

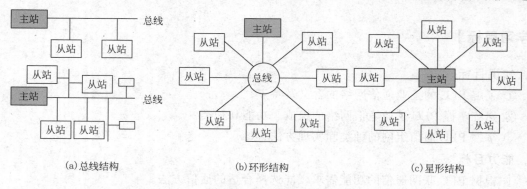

(a) 总线结构　　　　　　(b) 环形结构　　　　　　(c) 星形结构

图 6-2　PLC 网络结构

站点称为节点。节点也可定义为网络中通向任何一个分支的端点，或通向两个或两个以上分支的公共点。节点间的物理连接结构称为拓扑。每一种结构都有优缺点，实际使用时可根据具体情况选择。

（1）总线拓扑结构

所有设备连接到一条连接介质上。总线结构所需要的电缆数量少，线缆长度短，易于布线和维护。多个节点共用一条传输信道，信道利用率高。

（2）环形拓扑结构

环形拓扑结构是一个闭环，工作站少，节约设备。缺点是：一个节点出问题，网络就会出问题，而且不好诊断故障。

（3）星形拓扑结构

有一个中心，多个分节点，结构简单，连接方便，管理和维护都相对容易，而且扩展性强。网络延迟时间较小，传输误差小。只要中心无故障，一般网络就没问题。缺点是：网络的共享能力差，通信线路利用率不高。

任务 6.2 认识 PLC 通信技术

组态通信与
下载程序

6.2.1 PLC 通信技术概述

将不同厂家生产的设备连在一个网络上，相互之间进行数据通信，由企业集中管理，已经是很多企业必须考虑的问题，因此有必要了解有关 PLC 的通信与工厂自动化网络方面的初步知识：控制网络、通信网络、并行通信、串行通信、异步通信、同步通信、单工通信以及双工通信等。

（1）并行通信与串行通信

并行通信是以字节或字为单位的数据传输方式，除了 8 根或 16 根数据线、一根公共线外，还需要数据通信联络用的控制线。并行通信的传输速度快，但是传输线的根数多，成本高，一般用于近距离数据的传送，如打印机与计算机之间的数据传送、PLC 中的 CPU 与 I/O 模块之间的数据传送等。

（2）异步通信与同步通信

在串行通信中，通信的速率与时钟脉冲有关，接收方和发送方的传输速率应相同，但是实际的发送速率与接收速率之间总是有一些微小的差别，在连续传送大量的信息时，如果不采取一定的措施，将会因积累误差造成错位，使接收方收到错误的信息。为了解决这一问题，需要使发送过程和接收过程同步。按同步方式的不同，可将串行通信分为异步通信和同步通信。

（3）单工与双工通信方式

在串行通信中，数据通常是在两个站（如计算机和 PLC）之间进行传送，按照数据流的方向可分成 3 种基本的传送方式：单工方式、半双工方式和全双工方式，如图 6-3 所示。

如果在通信过程的任意时刻，信息只能由一方 A 传到另一方 B，则称为单工。

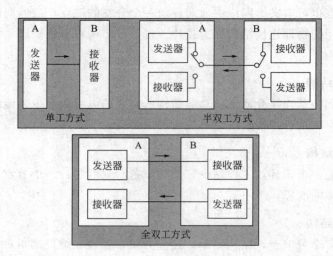

图 6-3 数据通信方式

如果在任意时刻，信息既可由 A 传到 B，又能由 B 传到 A，但只能由一个方向上的传输存在，称为半双工（half duplex）。

如果在任意时刻，线路上存在 A 到 B 和 B 到 A 的双向信号传输，则称为全双工（full duplex）。

（4）传输速率

在串行通信中，传输速率用比特率表示，即每秒传送的二进制位数，其符号为 bit/s。常用的标准比特率为 300bit/s、600bit/s、1200bit/s、2400bit/s、4800bit/s、9600bit/s 和 19200bit/s 等。不同的串行通信网络的传输速率差别极大，有的只有数百 bit/s，高速串行通信网络的传输速率可达 1000Mbit/s 以上。

6.2.2 串行通信接口标准

RS-232 协议标准：RS-232 是美国电子工业协会（Electronic Industry Association，EIA）制定的一种串行物理接口标准。其最大通信距离为 15m，最高传输速率为 20Kbit/s，只能进行一对一的通信。RS-232 使用单端驱动、单端接收电路，容易受到公共地线上的电位差和外部引入的干扰信号的影响。

RS-422 协议标准：美国 EIA 于 1977 年制定了串行通信标准 RS-499，对 RS-232 的电气特性做了改进，RS-422 是 RS-499 的子集，RS-422 采用平衡驱动、差分接收电路，接收器两根线上的共模干扰信号互相抵消。RS-422 是全双工方式，通信的双方都能在同一时刻接收和发送数据。在最大传输速率为 10Mbit/s 时，其最大通信距离为 12m。传输速率为 100Kbit/s 时，其最大通信距离为 1200m。一台驱动器可以连接 10 台接收器。

RS-485 协议标准：RS-485 是 RS-422 的变形，RS-422 是全双工两对平衡差分信号分别用于发送和接收，RS-485 为半双工，只有一对平衡差分信号线，不能同时发送和接收。使用双绞线可以组成串行通信网络，构成分布式系统。

常见的 RS-232、RS-422 和 RS-485 协议标准有两种类型，分别是 9 针接口和 25 针接口，如图 6-4 和图 6-5 所示。

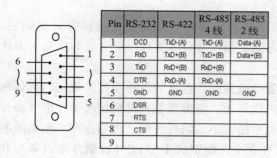

Pin	RS-232	RS-422	RS-485 4线	RS-485 2线
1	DCD	TxD-(A)	TxD-(A)	Data-(A)
2	RxD	TxD+(B)	TxD+(B)	Data+(A)
3	TxD	RxD+(B)	RxD+(B)	
4	DTR	RxD-(A)	RxD-(A)	
5	GND	GND	GND	GND
6	DSR			
7	RTS			
8	CTS			
9				

图 6-4　9 针接口

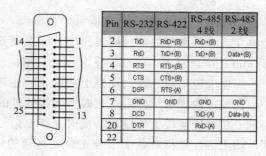

Pin	RS-232	RS-422	RS-485 4线	RS-485 2线
2	TxD	RxD+(B)	RxD+(B)	
3	RxD	TxD+(B)	TxD+(B)	Data+(B)
4	RTS	RTS+(B)		
5	CTS	CTS+(B)		
6	DSR	RTS-(A)		
7	GND	GND	GND	GND
8	DCD		TxD-(A)	Data-(A)
20	DTR		RxD-(A)	
22				

图 6-5　25 针接口

6.2.3　开放系统互联模型

随着网络技术的进步和各种网络产品的不断涌现，急需解决不同系统互联的问题。在 OSI 出现之前，计算机网络中存在众多的体系结构，为了解决不同体系结构的网络的互联问题，国际标准化组织（ISO）于 1981 年制定了开放系统互联（Open System Interconnection，OSI）参考模型。该模型把网络通信的工作分为 7 层，分别是物理层、数据链路层、网络层、传输层、会话层、表示层和应用层，如图 6-6 所示。

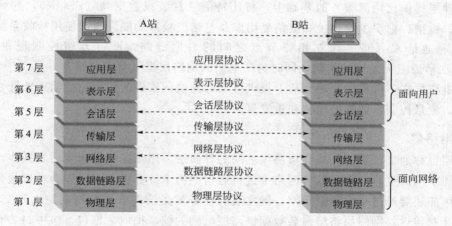

图 6-6　开放系统互联模型

第 1~3 层属于 OSI 参考模型的低三层，负责创建网络通信连接的链路；第 5~7 层为 OSI 参考模型的高三层，具体负责端到端的数据通信；第 4 层负责高低层的连接。每层完成一定的功能，每层都直接为其上层提供服务，并且所有层次都互相支持，而网络通信则可以自上而下（在发送端）或者自下而上（在接收端）双向进行。当然并不是每一次通信都需要经过 OSI 的全部 7 层，有的甚至只需要双方对应的某一层即可。物理接口之间的转接，以及中继器与中继器之间的连接就只需在物理层中进行即可；而路由器与路由器之间的连接则只需经过网络层以下的 3 层即可。总的来说，双方的通信是在对等层次上进行的，不能在不对等层次上进行通信。

OSI 标准制定过程中采用的方法是将整个庞大而复杂的问题划分为若干个容易处理的小问题，这就是分层体系结构办法。在 OSI 中，采用了三级抽象，即体系结构、服务定义和协议规格说明。

（1）物理层

物理层是 OSI 分层结构体系中最重要、最基础的一层。该层建立在传输媒介基础上，起建立、维护和取消物理连接作用，实现设备之间的物理接口。物理层只接收和发送一串比特（bit）流，不考虑信息的意义和信息结构。

物理层包括对连接到网络上的设备描述其各种机械的、电气的以及功能的规定。具体地讲，机械特性规定了网络连接时所需接插件的规格尺寸、引脚数量和排列情况等；电气特性规定了在物理连接上传输比特流时线路上信号电平的大小、阻抗匹配、传输速率、距离限制等；功能特性是指对各个信号先分配确切的信号含义，即定义了 DTE（数据终端设备）和 DCE（数据通信设备）之间各个线路的功能；过程特性定义了利用信号线进行比特流传输的一组操作规程，是指在物理连接的建立、维护、交换信息时，DTE 和 DCE 双方在各电路上的动作系列。物理层的数据单位是位。

物理层的主要功能是：为数据终端设备提供传送数据的通路，数据通路可以是一个物理媒体，也可以是由多个物理媒体连接而成。一次完整的数据传输，包括激活物理连接，传送数据，终止物理连接。所谓激活，就是不管有多少物理媒体参与，都要在通信的两个数据终端设备间连接起来，形成一条通路。

（2）数据链路层

在物理层提供比特流服务的基础上，将比特信息封装成数据帧（Frame），起到在物理层上建立、撤销、标识逻辑连接和链路复用以及差错校验等功能。通过使用接收系统的硬件地址或物理地址来寻址。建立相邻节点之间的数据链路，通过差错控制提供数据帧（Frame）在信道上无差错的传输，同时为其上面的网络层提供有效的服务。

数据链路层在不可靠的物理介质上提供可靠的传输。该层的作用包括物理地址寻址、数据的成帧、流量控制、数据的检错和重发等。

（3）网络层

网络层也称通信子网层，是高层协议之间的界面层，用于控制通信子网的操作，是通信子网与资源子网的接口。在计算机网络中进行通信的两个计算机之间可能会经过很多个数据链路，也可能还要经过很多通信子网。网络层的任务就是选择合适的网间路由和交换节点，确保数据及时传送。网络层将解封装数据链路层收到的帧，提取数据包，包中封装有网络层包头，其中含有逻辑地址信息源站点和目的站点地址的网络地址。

如果谈论一个 IP 地址，那么是在处理第 3 层的问题，这是"数据包"问题，而不是第 2 层的"帧"。IP 地址是第 3 层问题的一部分，此外还有一些路由协议和地址解析协议（ARP）。有关路由的一切事情都在第 3 层处理。地址解析和路由处理是第 3 层的重要目的。网络层还可以实现拥塞控制、网络互联、信息包顺序控制及网络记账等功能。

（4）传输层

传输层建立在网络层和会话层之间，实质上它是网络体系结构中高低层之间衔接的一个接口层。用一个寻址机制来标识一个特定的应用程序（端口号）。传输层不仅是一个单独的结构层，它还是整个分层体系协议的核心，没有传输层整个分层协议就没有意义。

传输层的数据单元是由数据组织成的数据段（segment）。这个层负责获取全部信息，因此，传输层必须跟踪数据单元碎片、乱序到达的数据包和其他在传输过程中可能发生的危险。

传输层为上层提供端到端（最终用户到最终用户）的透明的、可靠的数据传输服务，所谓透明的传输是指在通信过程中传输层对上层屏蔽了通信传输系统的具体细节。

传输层的主要功能是从会话层接收数据，根据需要把数据切成较小的数据片，并把数据传送给网络层，确保数据片正确到达网络层，从而实现两层数据的透明传送。

传输层是两台计算机经过网络进行数据通信时，第一个端到端的层次，具有缓冲作用。当网络层服务质量不能满足要求时，传输层将服务加以提高，以满足高层的要求；当网络层服务质量较好时，传输层只用很少的工作。传输层还可进行复用，即在一个网络连接上创建多个逻辑连接。

传输层也称为运输层。传输层只存在于端开放系统中，是介于低三层通信子网系统和高三层之间的一层，但是很重要的一层。因为这是源端到目的端对数据传送进行控制的最后一层。

有一个既存事实，即世界上各种通信子网在性能上存在着很大差异。例如电话交换网、分组交换网、公用数据交换网和局域网等通信子网都可互联，但它们提供的吞吐量、传输速率、数据延迟以及通信费用各不相同。对于会话层来说，却要求有一性能稳定的界面。传输层就承担了这一功能。传输层采用分流/合流、复用/介复用技术来调节上述通信子网的差异，使会话层感受不到差异。

此外传输层还要具备差错恢复、流量控制等功能，以此对会话层屏蔽通信子网在这些方面的细节与差异。传输层面对的数据对象已不是网络地址和主机地址，而是会话层的界面端口。上述功能的最终目的是为会话层提供可靠的、无误的数据传输。传输层的服务一般要经历传输连接建立阶段、数据传送阶段、传输连接释放阶段 3 个阶段才算完成一个完整的服务过程。而数据传送阶段又分为一般数据传送和加速数据传送两种。传输层服务中的传输连接服务和数据传输服务，基本可以满足对传送质量、传送速度、传送费用的各种不同需要。

（5）会话层

会话层也可以称为会晤层或对话层，在会话层及以上的高层次中，数据传送的单位不再另外命名，统称为报文。会话层不参与具体的传输，只提供包括访问验证和会话管理在内的建立和维护应用之间通信的机制，如服务器验证用户登录便是由会话层完成的。

会话层提供的服务可使应用建立和维持会话，并能使会话获得同步。会话层使用校验点可使通信会话在通信失效时从校验点继续恢复通信。这种能力对于传送大的文件极为重要。会话层、表示层、应用层构成开放系统的高 3 层，面对应用进程提供分布处理、对话管理、信息表示以及恢复最后的差错等。会话层同样要担负应用进程服务要求，即运输层不能完成的那部分工作，给运输层功能差距以弥补。会话层主要的功能是：对话管理，数据流同步和重新同步。要完成这些功能，需要组合大量的服务单元功能，目前已经制定的功能单元已有几十种。

（6）表示层

表示层向上对应用层提供服务，向下接收来自会话层的服务。表示层是为在应用过程之间传送的信息提供表示方法的服务，表示层关心的只是发出信息的语法与语义。表示层要完成某些特定的功能，主要有不同数据编码格式的转换，提供数据压缩、解压缩服务，对数据进行加密、解密。例如图像格式的显示，就是由位于表示层的协议来支持的。

表示层为应用层提供的服务包括语法选择、语法转换等。语法选择是提供一种初始语法和以后修改这种选择的手段。语法转换涉及代码转换和字符集的转换、数据格式的修改以及对数据结构操作的适配。

（7）应用层

网络应用层是通信用户之间的窗口，为用户提供网络管理、文件传输、事务处理等服务。其中包含了若干个独立的、用户通用的服务协议模块。网络应用层是 OSI 的最高层，为网络用户之间的通信提供专用的程序。应用层的内容主要取决于用户的各自需要，这一层的功能是为了解决分布数据库、分布计算技术、网络操作系统、分布操作系统、远程文件传输、电子邮件、终端电话及远程作业登录与控制等。

应用层协议的代表包括 Telnet、FTP、HTTP、SNMP 以及 DNS 等。

任务 6.3　认识西门子的 PLC 网络

6.3.1　生产金字塔结构模型

PLC 制造厂家常用生产金字塔（Productivity Pyramid，PP）结构来描述产品能提供的功能，西门子公司的生产金字塔结构示意图如图 6-7 所示。该图表明 PLC 及其网络在工厂自动化系统中由上到下在各层发挥的作用：上层负责生产管理，下层负责现场控制与检测，中间层负责生产过程的监控及优化。

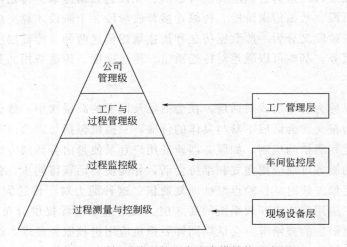

图 6-7　西门子公司的生产金字塔结构示意图

PLC 网络的分级与生产金字塔的分层不是一一对应的关系，相邻几层的功能若对通信要求相近，则可合并，由一级子网去实现。采用多级复合结构不仅使通信具有适应性，而且具有良好的可扩展性，用户可以根据投资情况及生产的发展，从单台 PLC 到网络、从底层向高层逐步扩展。

（1）现场设备层

主要功能是连接现场设备，例如分布式 I/O、传感器、驱动器、执行机构和开关设备等，完成现场设备控制及设备间联锁控制。

（2）车间监控层

车间监控层又称为单元层，用来完成车间主生产设备之间的连接，包括生产设备状态的在线监控、设备故障报警及维护等，还有生产统计、生产调度等功能。传输速度不是最重要的，但是应能传输大容量的信息。

（3）工厂管理层

车间操作员工作站通过集线器与车间办公管理网连接，将车间生产数据送到车间管理层。车间管理网作为工厂主网的一个子网，连接到厂区骨干网，将车间数据集成到工厂管理层。

6.3.2　六种常见通信网络

（1）PPI（Point to Point Interface）点到点通信协议

PPI 协议是 S7-200 CPU 最基本的通信方式，通过原来自身的端口（PORT0 或 PORT1）就可以实现通信，是 S7-200 默认的通信方式。

（2）自由口通信协议

用户自己规定协议，编程控制自由口（PORT0、PORT1）的串行通信。在自由口通信模式下，用户可以通过发送指令（XMT）、接收指令（RCV）、发送中断、接收中断来控制通信口的操作。

（3）MPI（Multi Point Interface）多点通信协议

MPI 是西门子公司开发的一种适用于小范围、近距离、少数站点间通信的网络协议，是 PPI 的扩展。S7-200 可以通过内置的 PPI 口或 EM277 连接到 MPI 网络上，与 S7-300/400 进行 MPI 通信。

（4）PROFIBUS 通信协议

PROFIBUS 是西门子公司的现场总线（Fieldbus）协议，也是国际电工委员会 IEC 61158 国际标准中的现场总线标准之一。

（5）PROFINET 通信协议

PROFINET 是西门子公司的工业以太网通信协议，符合 IEEE 802.3 国际标准。PROFINET 以 TCP/IP 与其他设备交换数据，PLC 若要和工业以太网连接需通过 CP 通信模块或 CPU 内置的 NP 接口，采用标准的 RJ-45 水晶接头连接。

（6）AS-i（Actuator Sensor interface）执行器/传感器接口通信协议

AS-i 是位于自动控制系统最底层的网络，用来连接具有执行器/传感器接口的现场二进制设备，只能传送少量的数据，如开关状态等。

连接采用 AS-i 规范电缆（黄色两芯、$1.5 mm^2$ 电缆），主站用于连接上一级控制器，能自动地组织 AS-i 电缆的数据传输，确保传感器/执行器的信号通过相应的接口能够传送到上一级总线系统，如 S7-300 的 CP343-2 模块。

任务 6.4　认识 PROFIBUS 总线

PROFIBUS 的历史可追溯到 1987 年联邦德国开始的一个合作计划，此计划有 14 家公司及 5 个研究机构参与，目标是要推动一种串列现场总线，可满足现场设备接口的基本需求。

PROFIBUS 中最早提出的是 PROFIBUS FMS（FMS 代表 Fieldbus Message Specification），是一个复杂的通信协议，为要求严苛的通信任务所设计，适用于车间级通用性通信任务。后来在 1993 年提出了架构较简单，速度也提升许多的 PROFIBUS DP（DP 代表 Decentralized Periphery）。PROFIBUS FMS 是用在 PROFIBUS 主站之间的非确定性通信。PROFIBUS DP 主要是用在 PROFIBUS 主站和其远程从站之间的确定性通信，但仍允许主站及主站之间的通信。

PROFIBUS 可分为 2 种，分别是大多数人使用的 PROFIBUS DP 和用在过程控制的 PROFIBUS PA。

6.4.1　PROFIBUS 总线结构组成

（1）PROFIBUS 的组成

PROFIBUS 总线结构组成如图 6-8 所示。

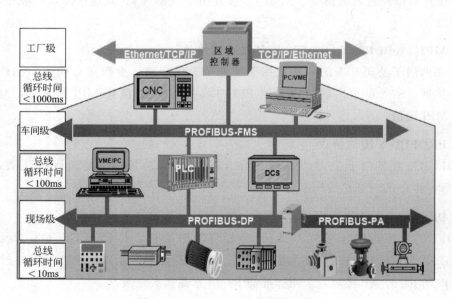

图 6-8　PROFIBUS 总线结构组成

① PROFIBUS-FMS（Fieldbus Message Specification，现场总线报文规范）　主要用于系统级和车间级的不同供应商的自动化系统之间传输数据，处理单元级（PLC 和 PC）的多主站数据通信。

② PROFIBUS-DP（Decentralized Periphery，分布式外部设备）　用于自动化系统中单元级控制设备与分布式 I/O（例如 ET200）的通信。主站之间的通信为令牌方式，主站与从

站之间为主从方式，以及这两种方式的混合。

③ PROFIBUS-PA(Process Automation，过程自动化)　用于过程自动化的现场传感器和执行器的低速数据传输，使用扩展的 PROFIBUS-DP 协议。传输技术采用 IEC 1158-2 标准，可以用于防爆区域的传感器和执行器与中央控制系统的通信。使用屏蔽双绞线电缆，由总线提供电源。

(2) PROFIBUS 的物理层

PROFIBUS 的物理层可以使用多种通信介质（电、光、红外、导轨以及混合方式），传输速率为 9.6K～12Mbit/s。假设 DP 有 32 个站点，所有站点传送 512bit/s 输入和 512bit/s 输出，在 12Mbit/s 时只需 1ms。每个 DP 从站的输入数据和输出数据最大为 244 字节。使用屏蔽双绞线电缆时最长通信距离为 9.6km，使用光缆时最长 90km，最多可以接 127 个从站。可以使用灵活的拓扑结构，支持线形、树形、环形结构以及冗余的通信模型。

① DP/FMS 的 RS-485 传输　DP 和 FMS 使用相同的传输技术和统一的总线存取协议，可以在同一根电缆上同时运行。DP/FMS 符合 EIA RS-485 标准（也称为 H2），采用屏蔽或非屏蔽双绞线电缆，9.6Kbit/s 到 12Mbit/s。一个总线段最多 32 个站，带中继器最多 127 个站。

② D 型总线连接器　PROFIBUS 标准推荐总线站与总线的相互连接使用 9 针 D 型连接器。

③ 总线终端器　总线段的两端用无源的 RC 线终端器来终止。

④ DP/FMS 的光纤电缆传输　单芯玻璃光纤的最大连接距离为 15km，价格低廉的塑料光纤为 80m。光链路模块（OLM）用来实现单光纤环和冗余的双光纤环。

⑤ PA 的 IEC 1158-2 传输　采用符合 IEC 1158-2 标准的传输技术，确保本质安全，并通过总线直接给现场设备供电。数据传输使用曼彻斯特编码线协议（也称 H1 编码）。从 0(−9mA) 到 1(+9mA) 的上升沿发送二进制数 "0"，从 1 到 0 的下降沿发送二进制数 "1"。传输速率为 31.25Kbit/s。传输介质为屏蔽或非屏蔽的双绞线。总线段的两端用无源的 RC 线终端器来终止，一个 PA 总线段最多 32 个站，总数最多为 126 个。

6.4.2　S7 系统中的 PROFIBUS-DP 及组态

(1) PROFIBUS-DP 从站的分类

① 紧凑型 DP 从站：ET200B 模块系列。

② 模块式 DP 从站：ET200M，可以扩展 8 个模块。在组态时，STEP 7 自动分配紧凑型 DP 从站和模块式 DP 从站的输入/输出地址。

③ 智能从站（I 从站）：某些型号的 CPU 可以作 DP 从站。智能 DP 从站提供给 DP 主站的输入/输出区域不是实际的 I/O 模块使用的 I/O 区域，而是从站 CPU 专门用于通信的输入/输出映像区。

(2) PROFIBUS-DP 网络的组态

① 完成紧凑型和模块型从站的组态连接。主站 CPU315-2DP，将 DP 从站 ET200M，ET200B 16DI/16DO 连接起来，传输速率为 1.5Mbit/s，并对 DP 从站输入和输出区进行访问。

② 完成 PROFIBUS-DP 智能从站的组态连接。两台 CPU315-2DP，分别组态为主站和从站，传输速率为 1.5Mbit/s，可编程实现主站和从站的 I/O 区访问。

任务 6.5　认识 AS-i 总线

6.5.1　AS-i 总线概述

AS-i 总线系统的开发是由 11 家德国公司联合资助和规划的，研制成功后，在欧洲得到了广泛的推广应用，在 2000 年 6 月，IEC 已正式通过 AS-i 为国际标准，编号为 IEC 62026-1，成为国际标准的现场总线之一。

AS-i(Actuator-Sensor-interface) 是执行器/传感器接口的英文缩写，是一种用来在控制器（主站）和传感器/执行器（从站）之间双向交换信息的总线网络。AS-i 总线属于现场总线（Fieldbus）下面底层的监控网络系统，它在西门子公司的生产金字塔中所处的位置如图 6-9 所示。

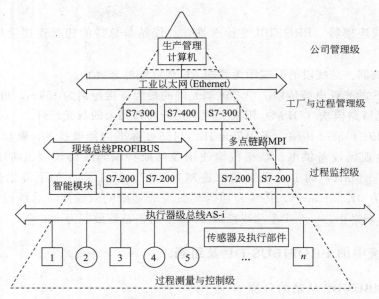

图 6-9　AS-i 总线在生产金字塔中所处的位置

AS-i 总线为主从结构，AS-i 主机是整个系统的中心，可以安装在控制器中，如工业计算机（IPC）、可编程控制器（PLC）以及数字调节器（DC）内部，如图 6-10 所示。它使用专门的插卡插入到计算机或 PLC 总线槽内，把 AS-i 和控制器的 CPU 连接起来，主机和控制器总称为系统的主站（Master）。

从站（Slave）一般可分为两种：一种是分离型结构，由专门设计的接口模块和普通的传感器/执行器构成，在接口模块中带有从机专用芯片以及外围电路，除了有通信接口外还带有 I/O 接口，这些 I/O 接口就可以和普通的传感器/执行器连接起来，共同构成分离型从站，如图 6-10（a）所示；另一种是带有 AS-i 通信接口的智能传感器/执行器，在其内部装有 AS-i 从机专用芯片，就构成了一体化的从站，如图 6-10（b）所示。

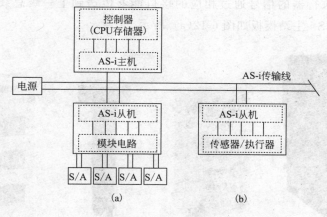

图 6-10 AS-i 总线结构

主站和从站之间可以用非屏蔽、非绞接的两芯电缆进行通信连接，电缆有 2 种形式，一种为标准的两芯圆柱形电缆，另一种为两芯扁平电缆。扁平电缆是采用一种专门的穿刺安装方法把线压在连接件上，既简单又可靠。在两芯电缆上除传输报文外还通过网络提供工作电源，以供主、从站的电路使用。

6.5.2 AS-i 总线的拓扑结构

AS-i 总线的拓扑结构可以自由选择，这使系统的配置十分灵活方便。它可以是点对点型、线形、树形、星形和环形结构，如图 6-11 所示。

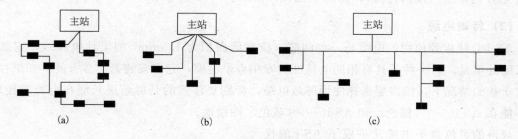

图 6-11 AS-i 总线的拓扑结构

网络的结构可以是多样的，但唯一需要遵守的规则是一个 AS-i 总线系统的电缆总长度不能超过 100m，其中包括分支的长度。如想延长 AS-i 总线长度可通过加入中继器（repeaters）或扩展器（extenders）的方式，一个中继器（或扩展器）可延长总线长度 100m，一个控制系统中最多可加入 2 个中继器或扩展器，也就是说一个总线的电缆总长度不能超过 300m。中继器的两边都需要 AS-i 电源，而控制器和主站之间不需要 AS-i 电源。但是中继器和主站之间可设置从站，而扩展器和主站之间不能有任何从站。

（1）AS-i 总线系统组成

AS-i 总线系统由主站、从站和传输系统组成，而传输系统又由两芯传输电缆、AS-i 电源及数据解耦电路构成。

① 主站（Master） 主站连接于上一级控制器，能自动地组织 AS-i 电缆上的数据传

输，确保传感器与执行器的信号通过相应的接口能够传送到上一级总线系统（如 PROFI-BUS），西门子的 AS-i 主站模板如图 6-12(a) 所示。

(a) AS-i 主站模块   (b) AS-i 从站模块

图 6-12   AS-i 总线设备

② 从站（Slave）   AS-i 从站是整个 AS-i 系统中最重要的组成部件，从站能自动识别发自主站的数据帧，并向主站发送数据，每个标准的 AS-i 从站模块最多可以连接 4 个数字化的传感器或执行器。AS-i 从站模块可以是数字量模块、模拟量模块和气动模块，作为智能从站，也可以是电动机启动器、LED 信号灯柱以及隔膜键盘等（智能从站是指集成有 AS-i 芯片的传感器或执行器），如图 6-12(b) 所示。

（2）传输电缆

AS-i 总线推荐使用的电缆是一种两芯、横截面面积为 $1.5 mm^2$ 的柔性电源线，它既便宜又随处可见。另一种是具有相同电特性的专用扁平电缆，它在安装上非常方便。如果存在较大干扰的情况下，则需要选择使用屏蔽电缆，特别要注意的是屏蔽层只能在电源端接地，而不能在 AS-i(＋)（棕色）和 AS-i(－)（蓝色）端接地。

规范的黄色扁平电缆几乎成了 AS-i 的代名词，通过它可向传感器同时传送数据和提供辅助电源。执行器必须另加辅助电源供电（如 24V DC 辅助电压）。扁平电缆有黄色和黑色两种，它们具有相同的安装技术。黄色扁平电缆用于提供 30V DC 辅助电源；黑色扁平电缆用于提供 24V DC 辅助电源。AS-i 传输电缆如图 6-13 所示。

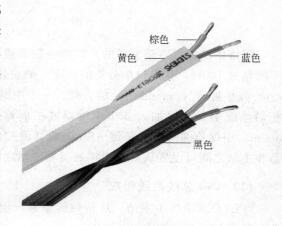

棕色
黄色
蓝色
黑色

图 6-13   AS-i 传输电缆

（3）电源模块

AS-i 网络的电源模块能提供直流电压：29.5～31.6V。该电压符合 IEC 标准中对安全隔离低电压的技术要求。该模块最大可输出

2A 电流，并有可靠的短路过载保护。

由于 AS-i 电源模块集成有数据解耦电路，可以通过一根电缆同时传送数据和电源。AS-i 电源模块如图 6-14 所示。

（4）网关

在复杂的自动化系统中，AS-i 有时需要连接到更高一级的现场总线系统上（PROFI-BUS），这就需要一个网关设备（如 DP/AS-i Link），如图 6-15 所示，作为 AS-i 系统和高一级现场总线的接口。

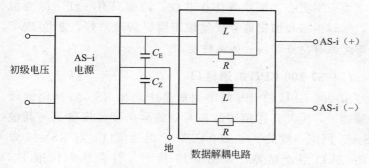

图 6-14   AS-i 电源模块   图 6-15   网关设备

任务 6.6   认识 PPI 总线

本项目将以 YL-335B 出厂例程为实例，介绍如何通过 PLC 实现由几个相对独立的单元组成的一个生产线的控制功能。

YL-335B 系统的控制方式采用每一工作单元由一台 PLC 承担其控制任务，各 PLC 之间通过 RS-485 串行通信实现互联的分布式控制方式。组建成网络后，系统中每一个工作单元也称作工作站。

PLC 网络的具体通信模式取决于所选厂家的 PLC 类型。YL-335B 的标准配置为：若 PLC 选用 S7-200 系列，通信方式则采用 PPI 协议通信。

PPI 协议物理上基于 RS-485 口，通过屏蔽双绞线就可以实现 PPI 通信，是一种主—从协议通信，主—从站在一个令牌环网中。该协议有以下功能和特点。

① 主站发送请求，从站响应，从站设备不主动发出信息。

② PPI 协议不限制与任意一从站通信的主站数量，但在硬件上要求整个网络中安装的主站设备不能超过 32 台。

③ 不需要扩展模块，通过内置的串口（也称 PPI 口）即可实现。

④ 当 S7-200 作为主站时，可以通过 NETR（网络读取）和 NETW（网络写入）指令来读写另外一个 S7-200。

⑤ 当 S7-200 作为主站时，它仍可以作为从站响应其他主站的请求，但此时最好启用 PPI 高级协议，因为这样允许网络设备与设备之间建立逻辑连接。与 EM277 通信时，也必须启用 PPI 高级协议。

6.6.1 PPI 网络的连接方法

PPI 协议是专门为 S7-200 开发的通信协议，S7-200 CPU 的通信口（Port 0、Port 1）支持 PPI 通信协议，S7-200 的一些通信模块也支持 PPI 协议，STEP 7-Micro/WIN 与 CPU 进行编程通信也通过 PPI 协议。安装连接需要规定的电缆和接口。

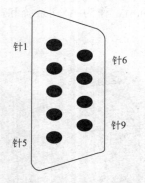

图 6-16　S7-200 CPU 通信口

（1）通信电缆

PPI 通信网络所使用的电缆是 PROFIBUS DP 电缆，这种电缆采用实心裸铜线导体作芯线，内部只有一红一绿两根线，加厚铝箔和加密裸金属丝编织层屏蔽效果好，紫色 PVC 外护套具有良好的信号传输性能。

（2）S7-200 CPU 的通信口

S7-200 CPU 的 PPI 网络通信是建立在 RS-485 网络的硬件基础上，因此其连接属性和需要的网络硬件设备是与其他 RS-485 网络一致的。S7-200 CPU 上的通信口是与 RS-485 兼容的 9 针 D 型连接器，如图 6-16 所示，符合欧洲标准 EN 50170 中的 PROFIBUS 标准，其引脚分配如表 6-1 所示。

表 6-1　S7-200 CPU 通信口的引脚分配

引脚号	PROFIBUS 引脚名	Port 0/Port 1
1	屏蔽	外壳接地
2	24V 返回	逻辑地
3	RS-485 信号 B	RS-485 信号 B
4	发送申请	RTS(TTL)
5	5V 返回	逻辑地
6	+5V	+5V,100Ω 串联电阻
7	+24V	+24V
8	RS-485 信号 A	RS-485 信号 A
9	未用	10 位协议选择（输入）
连接器外壳	屏蔽	外壳接地

（3）网络连接器

PPI 网络使用 PROFIBUS 总线连接器，西门子公司提供两种 PROFIBUS 总线连接器：一种标准 PROFIBUS 总线连接器 [图 6-17（a）] 和一种带编程接口的 PROFIBUS 总线连接器 [图 6-17（b）]，后者允许在不影响现有网络连接的情况下，再连接一个编程站或者一个 HMI 设备到网络中。带编程接口的 PROFIBUS 总线连接器将 S7-200 的所有信号（包括电源引脚）传到编程接口。这种连接器对于那些从 S7-200 取电源的设备（例如 TD200）尤为有用。两种连接器都有两组螺钉连接端子，可以用来连接输入连接电缆和输出连接电缆。两种连接器也都有网络偏置和终端电阻的选择开关，如图 6-17（c）所示。该开关在 ON 位置时则接通内部的网络偏置和终端电阻，在 OFF 位置时则断开内部的网络偏置和终端电阻。连接网络两端节点设备的总线连接器应将开关放在 ON 位置，以减少信号的反射。

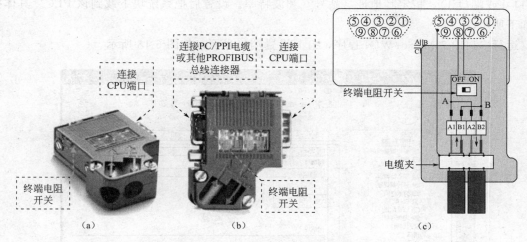

图 6-17　西门子 PROFIBUS 总线连接器

（4）PPI 网络连接

① 基本连接原则　连接电缆必须安装合适的浪涌抑制器，这样可以避免雷击浪涌。应避免将低压信号线和通信电缆与交流导线和高能量、快速开关的直流导线布置在同一线槽中。要成对使用导线，用中性线或公共线与电源线或信号线配对。

具有不同参考电位的互连设备有可能导致不希望的电流流过连接电缆。这种不希望的电流有可能导致通信错误或者设备损坏。要确保用通信电缆连接在一起的所有设备具有相同的参考电位，或者彼此隔离，来避免产生这种不希望的电流。

② 通信距离、通信速率及电缆选择　如表 6-2 所示，网络电缆的最大长度取决于两个因素：隔离（使用 RS-485 中继器）和波特率。

表 6-2　网络电缆的最大长度

波特率	非隔离 CPU 端口 1/m	有中继器的 CPU 端口或者 EM277/m
9600~187500	50	1000
500000	不支持	400
1×10^6~1.5×10^6	不支持	200
3×10^6~12×10^6	不支持	100

一般情况下，当接地点直接的距离很远时，有可能具有不同的地电位；即使距离较近，大型机械的负载电流也能导致地电位不同。当连接具有不同地电位的设备时需要隔离。如果不使用隔离端口或者中继器，允许的最长距离为 50m。测量该距离时，从网段的第一个节点开始，到网段的最后一个节点。

6.6.2　PPI 通信网络组态

下面以 YL-335B 各工作站 PLC 实现 PPI 通信的操作步骤为例，说明使用 PPI 协议实现通信的步骤。

① 对网络上每一台 PLC，设置其系统块中的通信端口参数，对用作 PPI 通信的端口（端口 0 或端口 1），指定其地址（站号）和波特率。设置后把系统块下载到该 PLC。具体操作如下所示。

运行 STEP 7-Micro/WIN 程序，打开设置端口界面，如图 6-18 所示。

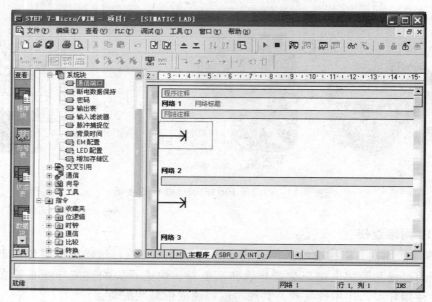

图 6-18　打开设置端口界面

利用 PPI/RS-485 编程电缆单独地把输送单元 CPU 系统块里设置端口 0 为 1 号站，波特率为 19.2Kbit/s，如图 6-19 所示。

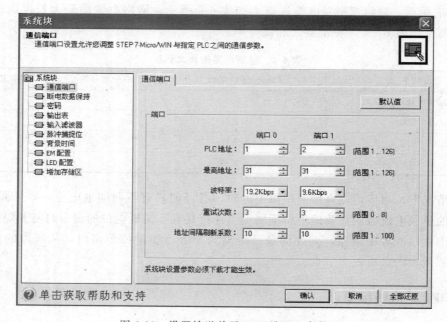

图 6-19　设置输送单元 PLC 端口 0 参数

132

同样方法设置供料单元 CPU 端口 0 为 2 号站，波特率为 19.2Kbit/s；加工单元 CPU 端口 0 为 3 号站，波特率为 19.2Kbit/s；装配单元 CPU 端口 0 为 4 号站，波特率为 19.2Kbit/s；最后设置分拣单元 CPU 端口 0 为 5 号站，波特率为 19.2Kbit/s，分别把系统块下载到相应的 CPU 中。

② 利用网络接头和网络线把各台 PLC 中用作 PPI 通信的端口 0 连接，所使用的网络接头中，2#~5# 站用的是标准网络连接器，1# 站用的是带编程接口的连接器，该编程口通过 RS-232/PPI 多主站电缆与个人计算机连接。

然后利用 STEP 7-Micro/WIN 软件和 PPI/RS-485 编程电缆搜索出 PPI 网络的 5 个站，如图 6-20 所示。

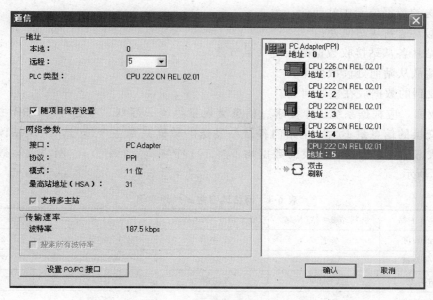

图 6-20　PPI 网络上的 5 个站

③ PPI 网络中主站（输送单元）PLC 程序中，必须在通电第 1 个扫描周期，用特殊存储器 SMB30 指定其主站属性，从而使能其主站模式。SMB30 是 S7-200 PLC PORT-0 自由通信口的控制字节，各个位表达的意义如表 6-3 所示。

表 6-3　SMB30 各个位表达的意义

bit7	bit6	bit5	bit4	bit3	bit2	bit1	bit0
p	p	d	b	b	b	m	m
pp:校验选择			d:每个字符的数据位		mm:协议选择		
00＝不校验			0＝8 位		00＝PPI/从站模式		
01＝偶校验			1＝7 位		01＝自由口模式		
10＝不校验					10＝PPI/主站模式		
11＝奇校验					11＝保留（未用）		
bbb:自由口波特率　（单位:波特）							
000＝38400			011＝4800		110＝115200		
001＝19200			100＝2400		111＝57600		
010＝9600			101＝1200				

在 PPI 模式下，控制字节的 2～7 位是忽略掉的。即 SMB30＝00000010，定义 PPI 主站。SMB30 中协议选择缺省值是 00＝PPI 从站，因此，从站则不需要初始化。

YL-335B 系统中，按钮及指示灯模块的按钮、开关信号连接到输送单元的 PLC（S7-226CN）输入口，以提供系统的主令信号。因此，在网络中输送单元是指定为主站的，其余各站均指定为从站。最后构成了图 6-20 所示的 YL-335B 自动线 PPI 网络。

④ 编写主站网络读写程序段。如前所述，在 PPI 网络中，只有主站程序中使用网络读写指令来读写从站信息，而从站程序没有必要使用网络读写指令。

在编写主站的网络读写程序前，应预先规划好下面数据。

a. 主站向各从站发送数据的长度（字节数）；

b. 发送的数据位于主站何处；

c. 数据发送到从站何处；

d. 主站从各从站接收数据的长度（字节数）；

e. 主站从从站何处读取数据；

f. 接收到的数据放在主站何处。

以上数据，应根据系统工作要求、信息交换量等统一筹划。考虑 YL-335B 中各工作站 PLC 所需交换的信息量不大，主站向各从站发送的数据只是主令信号，从从站读取的也只是各从站状态信息，发送和接收的数据均不多于 1 个字（2 个字节）。网络读写数据规划实例如表 6-4 所示。

表 6-4 网络读写数据规划实例

输送站 1#站（主站）	供料站 2#站（从站）	加工站 3#站（从站）	装配站 4#站（从站）	分拣站 5#站（从站）
发送数据的长度	2 字节	2 字节	2 字节	2 字节
从主站何处发送	VB1000	VB1000	VB1000	VB1000
发往从站何处	VB1000	VB1000	VB1000	VB1000
接收数据的长度	2 字节	2 字节	2 字节	2 字节
数据来自从站何处	VB1010	VB1010	VB1010	VB1010
数据存到主站何处	VB1200	VB1204	VB1208	VB1212

网络读写指令可以向远程站发送或接收 16 个字节的信息，在 CPU 内同一时间最多可以有 8 条指令被激活。YL-335B 有 4 个从站，因此可以考虑同时激活 4 条网络读指令和 4 条网络写指令。

根据上述数据，即可编制主站的网络读写程序。但更简便的方法是借助网络读写向导程序。这一向导程序可以快速简单地配置复杂的网络读写指令操作，为所需的功能提供一系列选项。一旦完成，向导将为所选配置生成程序代码，并初始化指定的 PLC 为 PPI 主站模式，同时使能网络读写操作。

要启动网络读写向导程序，在 STEP 7-Micro/WIN 软件命令菜单中选择"工具→指令导向"，并且在指令向导窗口中选择 NETR/NETW（网络读写），单击"下一步"按钮后，就会出现 NETR/NETW 指令向导界面，如图 6-21 所示。

本界面和紧接着的下一个界面，将要求用户提供希望配置的网络读写操作总数、指定进行读写操作的通信端口、指定配置完成后生成的子程序名字，完成这些设置后，将进入对具体每一条网络读或写指令的参数进行配置的界面。

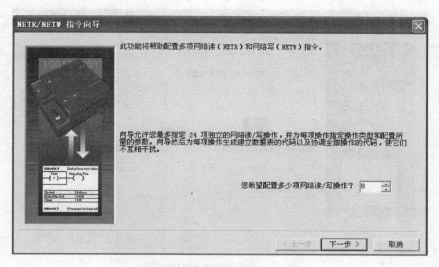

图 6-21　NETR/NETW 指令向导界面

　　在本例中，8 项网络读写操作如下安排：第 1～4 项为网络写操作，主站向各从站发送数据；第 5～8 项为网络读操作，主站读取各从站数据。图 6-22 为第 1 项操作配置界面，选择 NETW 操作，按表 6-4，主站（输送单元）向各从站发送的数据都位于主站 PLC 的 VB1000～VB1001 处，所有从站都在其 PLC 的 VB1000～VB1001 处接收数据。所以前 4 项填写都是相同的，仅站号不一样。

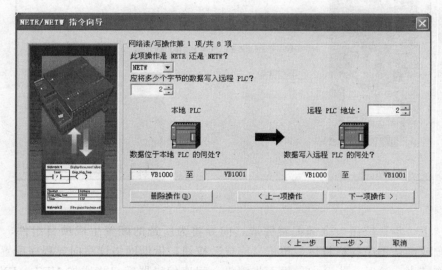

图 6-22　网络写操作配置界面

　　完成前 4 项数据填写后，再单击"下一项操作"按钮，进入第 5 项配置，第 5～8 项都是选择网络读操作，按表 6-4 中各站规划逐项填写数据，直至 8 项操作配置完成。图 6-23 是对 2♯从站（供料单元）的网络读操作配置界面。

　　8 项配置完成后，单击"下一步"按钮，向导程序将要求指定一个 V 存储区的起始地址，以便将此配置放入 V 存储区。这时若在选择框中填入一个 VB 值（例如，VB0），或

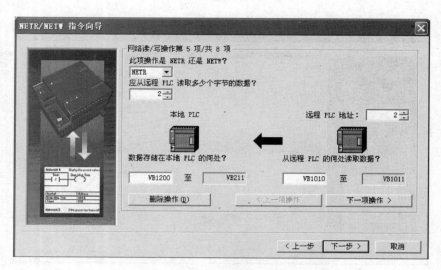

图 6-23　网络读操作配置界面

单击"建议地址"按钮，程序自动建议一个大小合适且未使用的 V 存储区地址范围，如图 6-24所示。

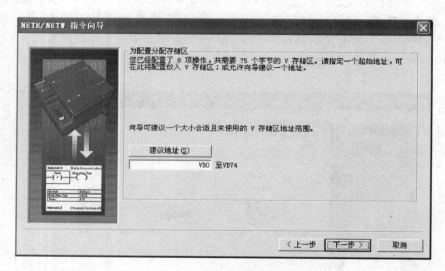

图 6-24　为配置分配存储区

单击"下一步"按钮，全部配置完成，向导将为所选的配置生成项目组件，如图 6-25 所示。修改或确认图中各栏目后，单击"完成"按钮，借助网络读写向导程序配置网络读写操作的工作结束。这时，指令向导界面将消失，程序编辑器窗口将增加 NET_EXE 子程序标记。

要在程序中使用上面所完成的配置，须在主程序块中加入对子程序"NET_EXE"的调用。使用 SM0.0 在每个扫描周期内调用此子程序，则将开始执行配置的网络读/写操作。梯形图如图 6-26 所示。

由图 6-26 可见，NET_EXE 有 Timeout、Cycle、Error 等几个参数，具体含义如下所示。

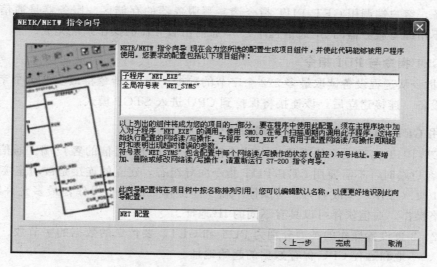

图 6-25 生成项目组件

```
网络1      在每一个扫描周期，调用网络读写子程序NET_EXE

    SM0.0            NET_EXE
    ──┤ ├──────────┤EN

                  0─┤Timeout    Cycle├─Q1.6
                              Error├─Q1.7
```

图 6-26 子程序 NET_EXE 的调用

Timeout：设定的通信超时时限，1～32767s，若为 0，则不计时。

Cycle：输出开关量，所有网络读/写操作每完成一次，切换状态。

Error：发生错误时报警输出。

本例中 Timeout 设定为 0，Cycle 输出到 Q1.6，故网络通信时，Q1.6 所连接的指示灯将闪烁。Error 输出到 Q1.7，当发生错误时，所连接的指示灯将闪烁。

任务 6.7 认识 S7-200 SMART TCP/IP 协议

TCP/IP（Transmission Control Protocol/Internet Protocol，传输控制协议/互联协议）是指能够在多个不同网络间实现信息传输的协议族。TCP/IP 协议不仅仅指的是 TCP 和 IP 两个协议，而是指一个由 FTP、SMTP、TCP、UDP 和 IP 等协议构成的协议族，只是因为在 TCP/IP 协议中 TCP 协议和 IP 协议最具代表性，所以被称为 TCP/IP 协议。

6.7.1 S7-200 SMART 之间的 S7 通信

(1) S7 协议

S7 协议是专为西门子控制产品优化设计的通信协议，是面向连接的协议。S7-200 SMART 只有 S7 单向连接功能。单向连接中的客户端（Client）是向服务器（Server）请求服务的设备，客户端调用 GET/PUT 指令读、写服务器的存储区。服务器是通信中的被动方，用户不用编写服务器的 S7 通信程序，S7 通信由服务器的操作系统完成。

（2）GET 指令与 PUT 指令

GET 指令从远程设备读取最多 222 个字节的数据。PUT 指令将最多 212 个字节的数据写入远程设备。连接建立后，该连接将保持到 CPU 进入 STOP 模式。

（3）用 GET/PUT 向导生成客户端的通信程序

用 GET/PUT 向导建立的连接为主动连接，CPU 是 S7 通信的客户端。通信伙伴作为S7 通信的客户端时，不需要用 GET/PUT 指令向导组态，建立的连接是被动连接。

在第 1 页（操作）生成名为"写操作"和"读操作"的两个操作，最多允许组态 24 项独立的网络操作。通信伙伴可以具有不同的 IP 地址。

在第 2、3 页设置操作的类型分别为 PUT 和 GET、要传送的数据的字节数、远程 CPU的 IP 地址、本地和远程 CPU 保存数据的起始地址。

在第 4 页（存储器分配）设置用来保存组态数据的 V 存储区的起始地址。

在第 5 页（组件）显示用于实现要求的组态的项目组件默认的名称。

在第 6 页（生成）单击"生成"按钮，自动生成用于通信的子程序。

（4）调用子程序 NET＿EXE

客户端和服务器的程序首次扫描时，将保存接收到的数据的地址区清零，给要发送的地址区设置初始值。将要发送的第一个字 VW100 每秒加 1。客户端和服务器的 OB1 程序如图 6-27 所示。

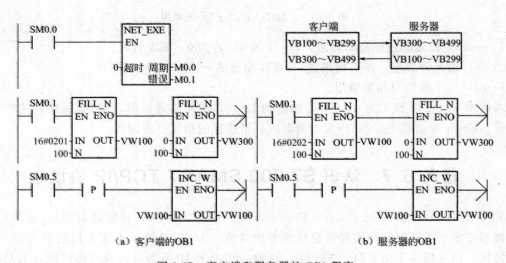

（a）客户端的OB1　　　　　　　　（b）服务器的OB1

图 6-27　客户端和服务器的 OB1 程序

（5）S7-200 SMART 之间的以太网通信实验

将用户程序和系统块下载到作为客户端和服务器的两块 CPU。用以太网电缆连接编程计算机、客户端和服务器，令 CPU 运行在 RUN 模式，如果通信成功，可以看到双方接收到的第一个字 VW300 每秒加 1，接收到的其他的字应是对方用 FILL＿N 指令写入的初始值。

6.7.2 S7-200 SMART 与其他设备间的以太网通信

CPU 固件版本为 V2.2 以上版本的 CPU 支持开放式通信，使用开放式通信可以实现 S7-200 SMART 系列 PLC 与其他设备间的以太网通信功能，此过程需要用到开放式用户通信库。该库的指令支持 TCP/IP 通信，包括建立连接指令、断开连接指令、发送数据和接收数据指令等。

任务 6.8 认识基于以太网的开放式用户通信

6.8.1 S7-200 SMART 之间的 TCP 和 ISO-on-TCP 通信

（1）开放式用户通信

开放式用户通信可用于 S7-200 SMART 相互之间的通信，还可以用于与 S7-1200/1500 和带以太网端口的 S7-300/400 的 CPU 通信。

TCP 协议在主动设备（客户端）和被动设备（服务器）之间创建连接后，任意一方均可以发送数据和接收数据。CPU 支持 8 个主动连接和 8 个被动连接。

（2）TCP 通信的客户端编程

在系统块中设置 IP 地址为 192.168.2.12，子网掩码为默认的 255.255.255.0。在 OB1 中调用 TCP_CONNECT 指令，设置连接伙伴的 IP 地址、远端端口 RemPort、本地端口 LocPort 和连接标识符 ConnID 等。

在请求信号 Req（M0.1）的上升沿，启动建立连接的任务。Done 为 ON 时，连接操作完成且没有错误。Busy 为 ON 时，连接操作正在进行。Error 为 ON 时，连接操作完成但是有错误，字节变量 Status 中是错误代码。

在秒时钟脉冲 SM0.5（Always-On）的上升沿，TCP_SEND 指令将从 VB3000 开始、字节数 DataLen（1~1024）为 5 的数据发送到连接 ID（ConnID）为 1 的远程设备中。客户端 OB1 的程序如图 6-28 所示。在 M4.1 的上升沿，DISCONNECT 指令终止连接 ID 为 1 的连接。用鼠标右键单击项目树中的"程序块"，设置开放式用户通信库的数据区的起始地址为 VB7000。所有的开放式用户通信都需要设置数据区。

（3）TCP 通信的服务器编程

在系统块中设置 IP 地址为 192.168.2.11，子网掩码为默认的 255.255.255.0。在 OB1 中用 TCP_CONNECT 指令建立 TCP 连接。用指令设置连接伙伴的 IP 地址、远端端口 RemPort、本地端口 LocPort 和连接标识符 ConnID。参数 Active 一直为 OFF，该 CPU 为被动连接（服务器）。

TCP_RECV 指令接收来自连接 ID 为 1 的远程设备的数据。接收缓冲区的起始地址为 VB2000，接收的最大字节数 MaxLen 为 5。设置开放式用户通信库的数据区的起始地址为 VB7000。服务器 OB1 的程序如图 6-29 所示。

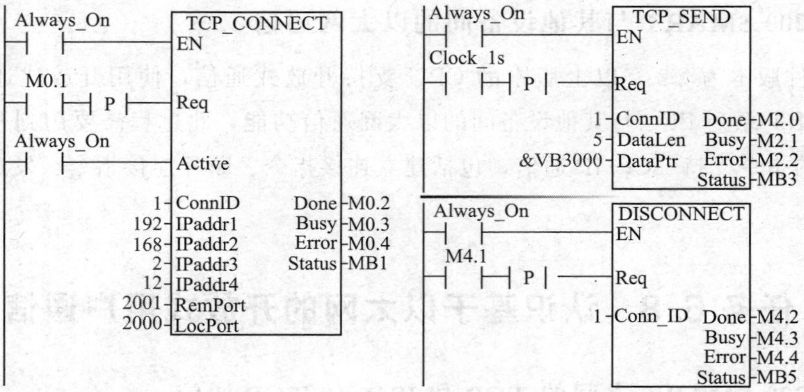

图 6-28　客户端 OB1 的程序

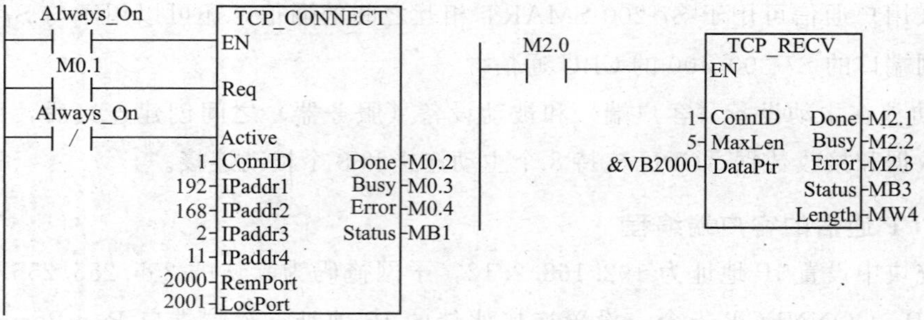

图 6-29　服务器 OB1 的程序

（4）TCP 通信的调试

将程序下载到两块 CPU，用电缆连接两块 CPU 的以太网端口。用状态图表监控双方的发送区和接收区，将数据写入客户端的发送区，观察服务器的接收区是否接收到客户端的数据。可以用 SM0.5 将发送的 VB3000 每秒加 1，观察 VB2000 接收到数据是否也在不断地加 1。

（5）S7-200 SMART 之间的 ISO-on-TCP 通信

程序与 TCP 通信方式基本上相同，其区别在于 TCP ＿ CONNECT 指令被指令 ISO ＿ CONNECT 取代。ISO-on-TCP 协议的传输服务访问点（TSAP）用于标识连接到同一个 IP 地址的不同的通信端点连接。RemTsap 和 LocTsap 为远程和本地的 TSAP，其数据类型为字符串，长度为 0 到 16 个字符。通信双方本地和远程的 TSAP 要交叉对应，程序使用指针来传递字符串。客户端与服务器的 ISO 连接指令如图 6-30 所示。

6. 8. 2　S7-200 SMART 与 S7-300 PLC 的 TCP 通信

（1）S7-300 的组态与编程

TIA 博途中的项目为 "300TCP 客户端"。打开网络视图，生成以太网。设置端口的 IP 地址和子网掩码。双击 "PLC ＿ 1"，打开设备视图，启用 MB0 为时钟存储器字节。在主

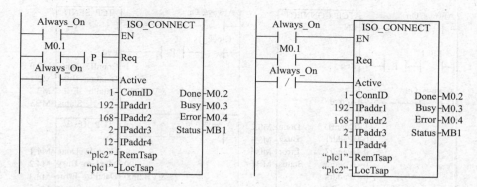

图 6-30　客户端与服务器的 ISO 连接指令

程序 OB1 中调用指令 TCON 和 TDISCON 来建立和断开连接，在 REQ 的上升沿建立或断开 ID 指定的连接。

选中指令 TCON，在巡视窗口设置通信伙伴的"端点"为"未指定"，IP 地址为 192.168.0.2。连接类型为 TCP，"连接 ID"的默认值为 1。用单选框设置，由 S7-300 主动建立连接，伙伴端口号为默认的 2000。在"本地"的"连接数据"选择框自动生成连接描述数据块。

在 OB1 中调用 TSEND，用时钟脉冲 M0.3 每 0.5s 发送一次 DB1 中的 100 个整数；调用 TRCV 接收数据，接收到的 100 个整数保存到 DB2。参数 ID 是连接的标识符，DATA 是发送或接收的数据区，LEN 是发送或接收的最大字节数，RCVD_LEN 是实际接收到的字节数。S7-300 发送与接收数据的程序如图 6-31 所示。

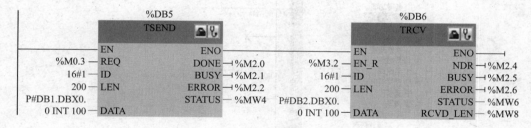

图 6-31　S7-300 发送与接收数据的程序

（2）S7-200 SMART 的组态与编程

项目为"TCP 服务器 2"，设置 IP 地址为 192.168.0.2。指令 TCP_CONNECT 用 IPaddr1～4 设置的 IP 地址为 0.0.0.0，表示接收所有的请求。RemPort 设为 0。每秒发送一次从 VB3000 开始的 200 个字节数据，将接收到的 200 个字节数据存放在 VB2000 开始的地址区。S7-200 SMART 发送与接收数据的程序如图 6-32 所示。

6.8.3　S7-200 SMART 与 S7-1200/S7-1500 网络组态与通信

S7-200 SMART 的 GET/PUT 通信通常用于西门子控制器之间的通信：S7-200

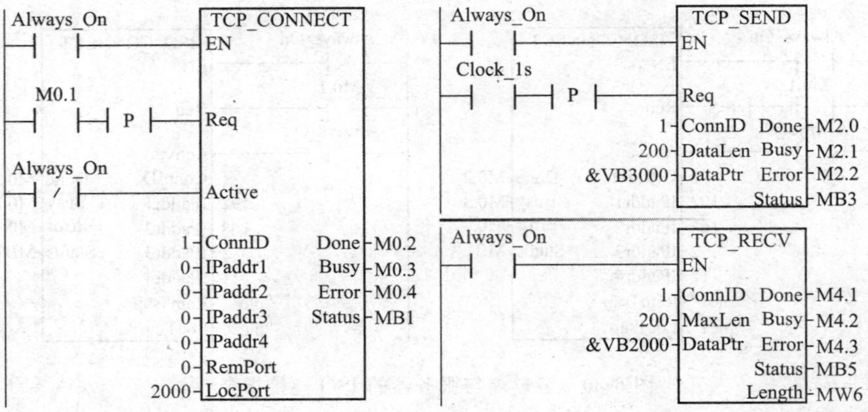

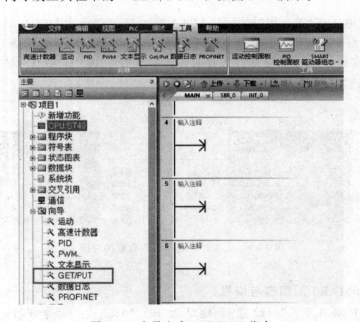

图 6-32 S7-200 SMART 发送与接收数据的程序

SMART 与 S7-200 SMART/S7-1200/S7-1500 之间。S7-200 SMART 作为客户端时，使用向导中的 GET/PUT 指令进行编程；作为服务器时不需要进行编程。

下面将以两台 S7-200 SMART 之间的组网，进行 GET/PUT 通信使用介绍。

① 首先打开向导或工具栏中的 "GET/PUT"，如图 6-33 所示。

图 6-33 向导生成 GET/PUT 指令

② 然后添加 PLC 数据发送和接收的操作条目，如图 6-34 所示。

③ 设置 PLC 发送数据和 PLC 接收数据的操作，如图 6-35 所示。

④ 存储器地址分配，如图 6-36 所示，最后单击生成项目组件即可生成网络读取程序。

⑤ 单击 "下一步" 按钮之后单击 "生成" 按钮，便生成网络程序 NET_EXE，如图 6-37 所示。

⑥ 最后使用 SM0.0 调用 NET_EXE 程序块，如图 6-38 所示。

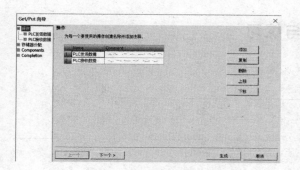

图 6-34　添加操作条目

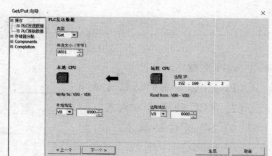

图 6-35　PLC 操作设定

图 6-36　存储器地址分配

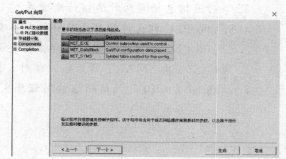

图 6-37　生成 NET_EXE

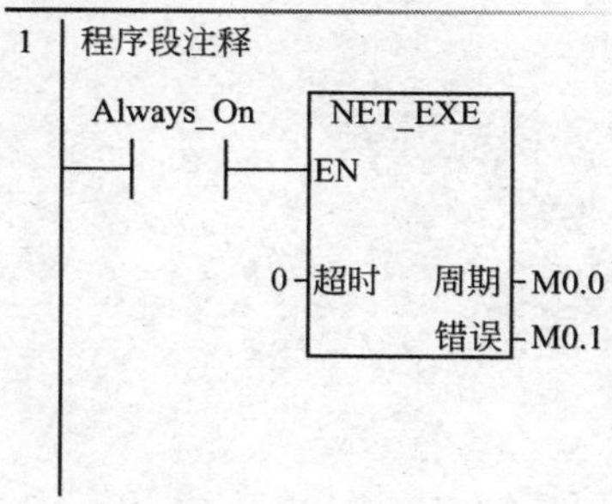

```
1 │ 程序段注释

    Always_On        NET_EXE
      ─┤ ├───────────┤ ├──  EN


            0─ 超时      周期 ─M0.0
                        错误 ─M0.1
```

图 6-38　NET_EXE 程序块

若通信测试结果如图 6-39 所示，说明数据成功发送，通信成功。

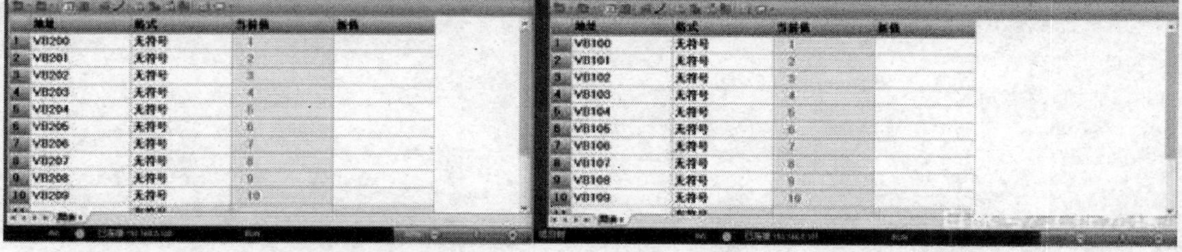

图 6-39　通信测试结果

思考与练习

1. 填空题

（1）PLC 常用的通信方法有_____、_____、_____、_____等。

（2）PLC 的通信方式有_____、_____、_____和_____。

（3）S7 通信协议有_____、_____、_____、_____、_____、_____和_____等。

（4）S7-200 常见的通信设备有_____、_____、_____和_____等。

2. 数据通信的方式有哪几种？各有什么特点？

3. 串行通信包括哪两种通信传输方式？

4. S7-200 PLC 都支持哪些通信协议？各有什么特点？

5. S7-200 PLC 组网通信都需要哪些相关设备？

6. 简述 S7-200 SMART 作为客户端时，使用通信向导的设置方法。

7. 简述 S7-200 PLC 网络通信读写程序生成的方法。

实 训

实验1 软件安装设置与亚龙 YL-1527 实验柜认识

(1) 实验目的

① 熟悉 S7-200 SMART 编程软件的安装。

② 掌握计算机不同的操作系统与 PLC 的连接及参数设置方法。

③ 认识 YL-1527 实训控制柜,熟悉 PLC 的 I/O 接口及电路接线方法。

(2) 实验器材

计算机一台(安装了 STEP 7-Micro/WIN SMART 编程软件)、YL-1527 实训控制柜及连接线若干、万用表、网线等。

(3) 实验内容与步骤

① 计算机软件 STEP 7-Micro/WIN SMART 安装与 PLC 的通信设置

a. 系统安装要求:计算机的操作系统可以是 Windows 10(最好是专业版),也可以是 Windows 7 系统。

b. 对于 Windows 10 系统(32 位或 64 位),可以直接安装编程软件 STEP 7-Micro/WIN SMART 的 V2.3 及以上版本,完成后能正常运行即可,IP 地址使用默认"自动获得 IP 地址";对于 Windows 7 系统,软件安装成功后,IP 地址不要使用默认的"自动获得 IP 地址",而要选中"使用下面的 IP 地址",即设置网卡的固定 IP 地址为 192.168.2.xx,子网掩码是 255.255.255.0,网关可以不设置,设置完成后单击"确定"保存设置。

c. 对于 Windows 7 系统,打开控制面板,查看方式选择"大图标",在控制面板找到"设置 PG/PC 接口",为带有 TCP/IP 协议(RFC-1006)的 NDIS CP 参数赋值,从而获取工业以太网访问权。选择"Realtek PCIe GBE Family Controller. TCPIP. Auto. 1(激活)"并确定,目的是激活该电脑的硬件网卡,界面如图 1 所示。

在 STEP 7-Micro/WIN SMART 编程软件中进行通信设置,用网线分别连接好 PC 端和 PLC 端的网卡接口(RJ-45 端口),在编程软件的通信设置界面单击"通信"图标,如图 2 所示。

通信接口选择"Realtek PCIe GBE Family Controller. TCPIP. Auto. 1",单击"查找 CPU",如果能找到 PLC 的 CPU,则会在找到 CPU 栏

图 1 控制面板中设置 PG/PC 接口

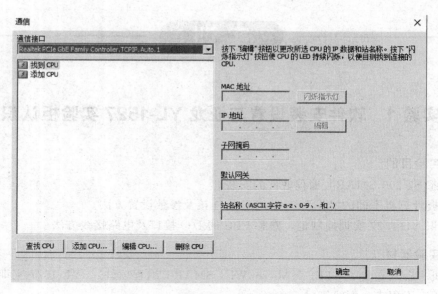

图 2　软件的通信设置界面

下面的显示：192.168.2.1。单击"确定"。

如果计算机与 PLC 不能通信，可用 ping 本机 IP 和 PLC 的 IP 看是否能 ping 通。方法：（a）在运行对话框中输入 CMD，再输入 IPCONFIG，回车；（b）ping PLC 的 IP，输入 ping 192.168.2.xx，如果能 ping 通说明连接成功。

② 认识实验设备与接线

a. 熟悉 YL-1527 实训控制柜（西门子 S7 系列）CPU 供电、外部接线、输入/输出点数、接口类型等。

b. 熟悉 ST40 CPU 的运行（RUN）、停止（STOP）、报错（ERROR）指示灯，数字量输入/输出指示灯，以太网网络连接（LINK）和数据传输（Rx/Tx）指示灯等的状态变化。

（4）实验报告与总结

实验名称		姓名及学号	
实验日期		实验目的	
实验原理		成绩评定	
实验内容及主要步骤			
实验总结			

实验 2　S7-200 系列 PLC 仿真软件应用与程序设计

（1）实验目的

① 掌握 S7-200 系列 PLC 仿真软件应用，会用该软件验证设计程序的正确性。

② 进一步熟悉 S7-200 SMART 编程软件的使用、调试技巧。

（2）实验器材

计算机一台（安装了 STEP 7-Micro/WIN SMART 编程软件）、YL-1527 实训控制柜及连接线若干、万用表、网线、S7-200 PLC 仿真软件等。

（3）实验内容与步骤

所采用的 S7-200 仿真软件是 V5.0 版本，可以利用此软件对设计的程序进行验证，解决一些难以理解的指令。

① 用 S7-200 编程软件编写好程序，点击"文件→导出"，然后导出到所需要存放的位置（如电脑桌面），导出来的文件为 .awl 文件。

② 打开 S7-200 仿真软件，按 ESC 键。点击"配置→CPU 型号"，选择编写程序时的 PLC 型号即可（CPU 22X）。配置 CPU 型号的界面如图 3 所示。

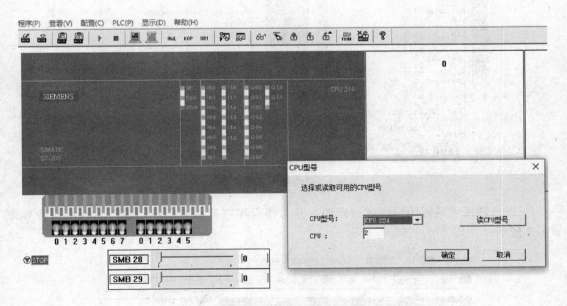

图 3　配置 CPU 型号的界面

③ 配置好仿真软件的 CPU 型号后，点击"程序→载入程序"，会弹出"载入 CPU"对话框，选择"所有"，"导入的文件版本"选择 S7-200 相应的编程软件版本就可以。点击"确定"按钮，找到刚刚导出的 .awl 文件即可。PLC 的 CPU 参数设置如图 4 所示。

④ 载入程序后，提示"The file cannot open to read data"，点击"确定"，如图 5 所示。

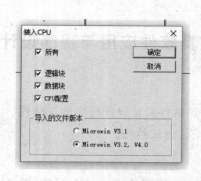

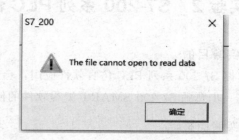

图 4　PLC 的 CPU 参数设置　　　　　　　图 5　不能读取数据对话框

点击"查看"，勾选语句表和梯形图两项。这时会显示刚被载入的梯形图及语句表界面，如图 6 所示。

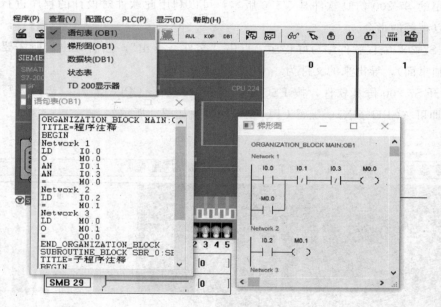

图 6　成功载入程序界面

⑤ 点击常用工具栏的绿色运行按钮，并选择程序监控状态图标，运行及程序监控界面如图 7 所示。

图 7　运行及程序监控界面

⑥ 根据程序，用鼠标调节启动输入按钮 0（I0.0，连续运行），停止按钮 1（I0.1），点动

148

按钮（I0.2），观察输出端 0（相当于 PLC 的 Q0.0）的指示灯变化，从而验证所设计程序的正确性。梯形图程序监控与指示电路见图 8。

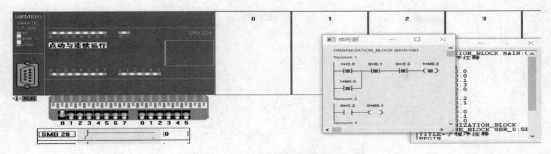

图 8　梯形图程序监控与指示电路

（4）实验报告与总结

实验名称		姓名及学号	
实验日期		实验目的	
实验原理		成绩评定	
实验内容及主要步骤			
实验总结			

实验 3 常用触点指令练习

（1）实验目的

① 掌握常用基本位逻辑指令的使用方法。

② 在梯形图中，掌握程序段中网络的概念。

③ 掌握左、右母线，"能流"，梯形图中的触点和线圈的含义。

④ 进一步熟悉 S7-200 SMART 编程软件的使用及程序调试的基本技巧。

（2）实验器材

计算机一台（安装了 STEP 7-Micro/WIN SMART 编程软件）、YL-1527 实训控制柜及连接线若干、万用表、网线等。

（3）实验内容与步骤

① 实验前，先用网线将计算机与 PLC 的 RJ-45 端口连接好，并给 PLC 通电（闭合空气开关，PLC 电源灯亮）。

② 启动 STEP 7-Micro/WIN SMART 软件，进入软件编辑界面，输入对应的梯形图程序，熟悉梯形图（LAD）、语句表（STL）和功能块图（FBD）编程语言之间的转换，如图 9 所示。

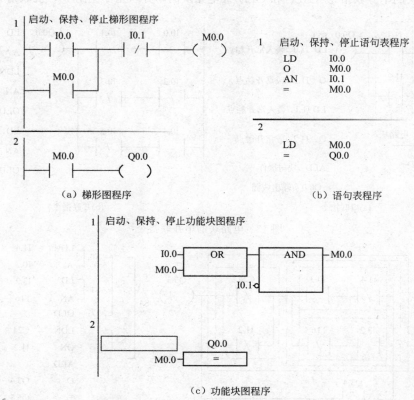

图 9　梯形图（LAD）、语句表（STL）和功能块图（FBD）

```
I0.0      Q0.0        LD    I0.0
─┤ ├──────( )          =     Q0.0
                       LDN   I0.0
I0.0      M0.0          =     M0.0
─┤/├──────( )
```

图 10　常开、常闭指令

③ 基本触点指令编程练习。根据给定的梯形图，进行与、与非（A, AN），或、或非（O, ON），输出（＝），电路块连接等指令调用。

a. 装入常开、常闭指令（LD，LDN）。常开、常闭指令如图 10 所示。

b. 触点串联指令：A，AN。触点串联指令如图 11 所示。

c. 触点并联指令：O，ON。触点并联指令如图 12 所示。

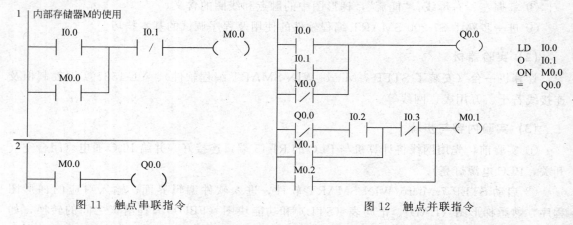

图 11　触点串联指令　　　　　　　　图 12　触点并联指令

d. 电路块的串并联指令（ALD 和 OLD）。电路块的串并联指令见图 13，混联指令见图 14。

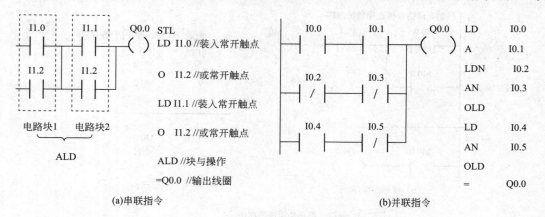

(a)串联指令　　　　　　　　　　　　　(b)并联指令

图 13　电路块的串并联指令

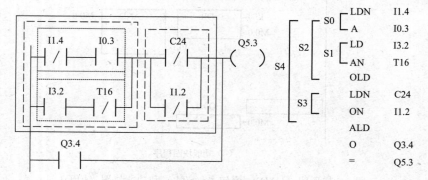

图 14　混联指令

e. 逻辑堆栈指令。当所有触点呈简单的串联、并联关系时，可用基本的逻辑指令来进行运算。当所有触点呈比较复杂的连接关系时，就要用到堆栈操作。因此，逻辑堆栈指令主要用来完成对触点进行复杂的连接。逻辑堆栈指令如图 15 所示。

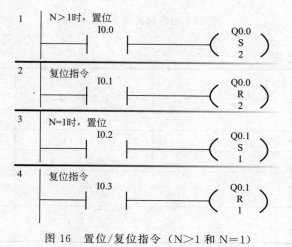

```
LD   I0.0  //装入常开触点
O    I2.2  //或常开触点
LD   I0.1  //装入常开触点（串联）
LD   I2.0  //装入常开触点（并联）
A    I2.1  //与常开触点
OLD        //栈装载或，并路结束
ALD        //栈装载与，串路结束
=    Q5.0  //输出触点
-----------------------------------------
LD   I0.0  //装入常开触点
LPS        //逻辑推入栈，主控
A    I0.5  //与常开触点
=    Q7.0  //输出触点
LRD        //逻辑读栈，新母线
LD   I2.1  //装入常开触点
O    I1.3  //或常开触点
ALD        //栈装载与
=    Q6.0  //输出触点
LPP        //逻辑弹出栈，母线复原
LD   I3.1  //装入常开触点
O    I2.0  //或常开触点
ALD        //栈装载与
=    Q1.3  //输出触点
```

(a)

```
LD   I0.0  //在梯形图分支结构中，LPS开始第一个从逻辑块编程
LPS
LD   I0.1
O    I0.2
ALD=Q1.0
LRD        //LRD开始第二个从逻辑块编程
LD   I0.3
O    I0.4
ALD=Q1.1
LPP        //LPP复位新母线，与LPS成对出现
A    I0.5
=Q1.2
```

(b)

图 15　逻辑堆栈指令

f. 置位/复位指令：S/R。置位/复位指令如图 16 所示。

1　N>1时，置位
I0.0　　　　　　　　　　　Q0.0 S 2

2　复位指令
I0.1　　　　　　　　　　　Q0.0 R 2

3　N=1时，置位
I0.2　　　　　　　　　　　Q0.1 S 1

4　复位指令
I0.3　　　　　　　　　　　Q0.1 R 1

图 16　置位/复位指令（N＞1 和 N＝1）

g. 边沿触发指令：EU，ED。边沿触发是指用边沿触发信号产生一个机器周期的扫描脉冲，由于脉冲高电平时间太短，只有一个扫描周期输出端接灯，灯是不会亮的。所以必须并联保持触点，或者用置位/复位指令才能控制灯亮灭。边沿触发指令如图17和图18所示。

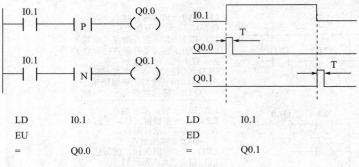

```
LD        I0.1          LD        I0.1
EU                      ED
=         Q0.0          =         Q0.1
```

图 17　边沿触发指令（一）

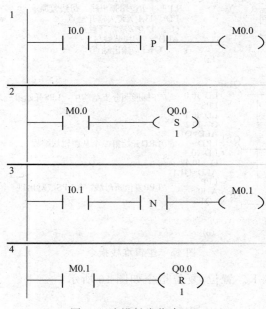

图 18　边沿触发指令（二）

（4）实验报告与总结

实验名称			姓名及学号	
实验日期			实验目的	
实验原理			成绩评定	
实验内容及主要步骤				
实验总结				

154

实验 4 点动与连续运行控制

（1）实验目的

① 掌握点动与连续运行的程序设计方法。

② 进一步熟悉 S7-200 SMART 编程软件的使用、调试技巧。

③ 掌握 PLC 输入/输出点的分配及接线方法。

（2）实验器材

计算机一台（安装了 STEP 7-Micro/WIN SMART 编程软件）、YL-1527 实训控制柜及连接线若干、万用表、网线等。

（3）实验内容与步骤

① 控制要求：某设备用 1 台电动机拖动，除了要求连续运行外，还需要用点动控制调整其位置。

② 进行输入/输出信号分配及硬件连接。点动与连续运行控制的 I/O 分配如表 1 所示。

表 1   点动与连续运行控制的 I/O 分配

输入			输出		
输入元件	输入信号	作用	输出信号	输出元件	控制对象
按钮 SB1	I0.0	启动	Q0.1	接触器 KM	电动机 M
按钮 SB2	I0.1	停止			
按钮 SB3	I0.2	点动			
热继电器	I0.3	过载保护			

③ 编写控制程序并调试。点动与连续运行控制梯形图程序如图 19 所示。

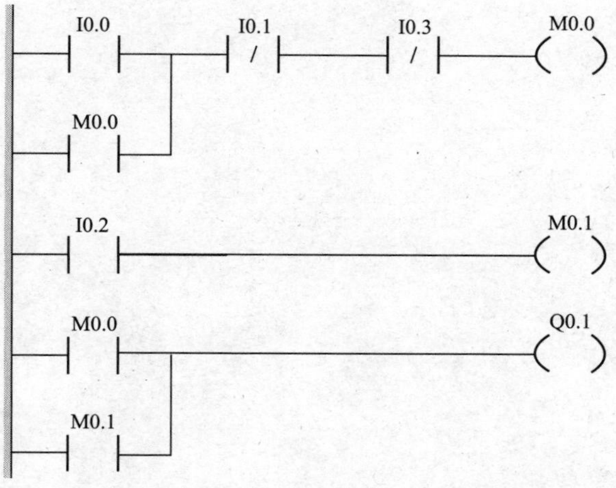

图 19   点动与连续运行控制梯形图程序

155

（4）实验报告与总结

实验名称		姓名及学号	
实验日期		实验目的	
实验原理		成绩评定	
实验内容及主要步骤			
实验总结			

实验 5 电动机正反转循环控制

（1）实验目的

① 掌握用 S7-200 系列。PLC 仿真软件验证电动机正反转程序设计的正确性。

② 掌握三相异步交流电动机的电动机正反转（灯模拟）。主电路及控制电路原理，及 PLC 控制的 I/O 接线。

（2）实验器材

计算机一台（安装了 STEP 7-Micro/WIN SMART 编程软件）、YL-1527 实训控制柜及连接线若干、万用表、网线等。

（3）实验内容与步骤

① 熟悉电气控制总的电动机的启动、停止和自锁主电路及控制电路，如图 20 所示。

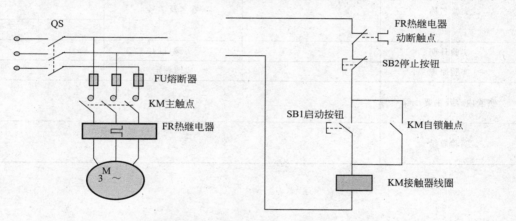

图 20 电动机的启动、停止和自锁主电路及控制电路

② 进行 PLC 控制的 I/O 接线。PLC 控制的启动、停止和自锁的 I/O 接线如图 21 所示。写出 PLC 的输入/输出点数。

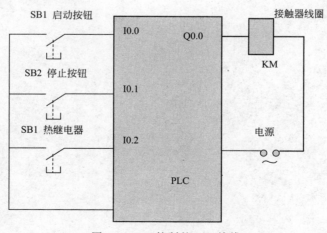

图 21 PLC 控制的 I/O 接线

157

③ 编写 PLC 的梯形图程序。启动、停止和自锁的梯形图程序如图 22 所示。

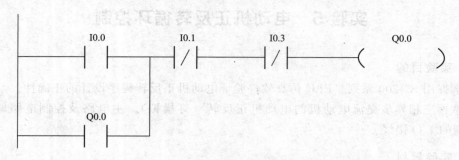

图 22　启动、停止和自锁的梯形图程序

（4）实验报告与总结

实验名称		姓名及学号	
实验日期		实验目的	
实验原理		成绩评定	
实验内容及主要步骤			
实验总结			

实验 6　电动机正反转延时控制

（1）实验目的

① 掌握 EU、ED 指令延迟原理及应用。

② 进行三相异步电动机正反转程序设计，掌握自锁与联锁触点的应用。

（2）实验器材

计算机一台（安装了 STEP 7-Micro/WIN SMART 编程软件）、YL-1527 实训控制柜及连接线若干、万用表、网线等。

（3）实验内容与步骤

① 三相异步电动机正反转控制的要求如下：

a. 按下启动按钮 SB2，电动机 M1 正转运行；

b. 松开 SB2，电动机 M2 正转运行；

c. 按下停止按钮 SB1，电动机 M1、M2 停止运行；

d. 为了减轻电动机启动对电网的冲击，要求两台电动机不能同时启动；

e. 程序中要有自锁、联锁（互锁）、滞后启动和过载保护等控制环节。

分析：采用 EU、ED 指令可减小两台电动机（M1 和 M2）同时启动对供电系统的影响。

② 为了减小两台电动机（M1 和 M2）同时启动对供电系统的影响，要求按下启动按钮（输入信号为 I0.0）时，电动机 M1 立即启动（输出信号为 Q0.1）；延时片刻松开启动按钮时，电动机 M2 才启动（输出信号为 Q0.2）；按下停止按钮或过载（输入信号为 I0.1）时，M1、M2 同时停止。由单按钮控制的双电动机延时启动的梯形图程序见图 23。

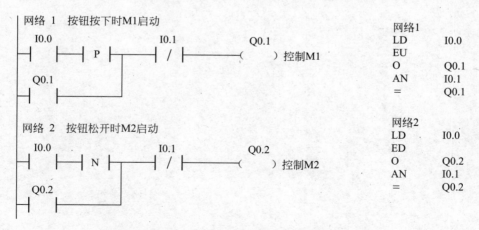

图 23　单按钮控制的双电动机延时启动的梯形图程序

③ 编写带有联锁的正反转控制程序。要求：a. 输出联锁；b. 输入联锁；c. 先停后启。参考程序如图 24 所示。

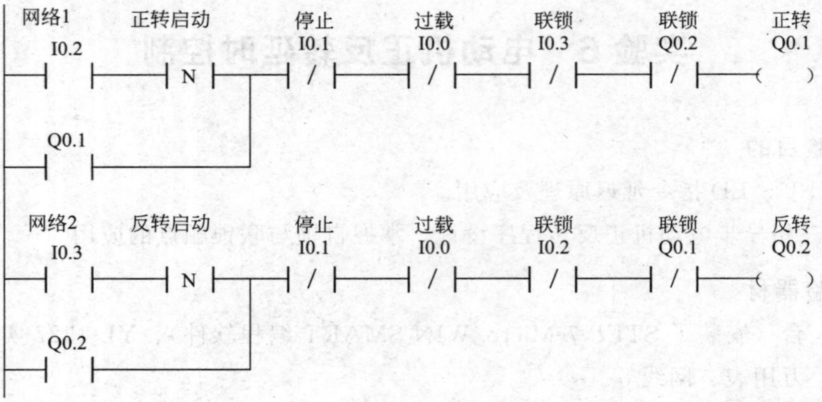

图 24　带有联锁的正反转控制程序

（4）实验报告与总结

实验名称		姓名及学号	
实验日期		实验目的	
实验原理		成绩评定	
实验内容及主要步骤			
实验总结			

实验 7　定时器应用

(1) 实验目的

① 掌握 TON、TONR、TOF 三种类型定时器的参数设置及应用。

② 掌握定时器典型设计案例。

(2) 实验器材

计算机一台（安装了 STEP 7-Micro/WIN SMART 编程软件）、YL-1527 实训控制柜及连接线若干、万用表、网线等。

(3) 实验内容与步骤

① 通电（接通）延时定时器（TON）。其指令程序如图 25 所示。

② 断电延时定时器（TOF）。其指令程序如图 26 所示。

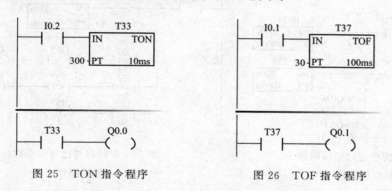

图 25　TON 指令程序　　　　　图 26　TOF 指令程序

③ 保持型接通延时定时器（TONR），也叫有记忆功能的通电延时定时器。指令程序如图 27 所示。

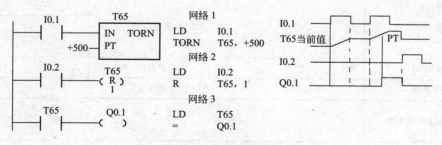

图 27　TONR 指令程序

④ 典型案例

a. 秒脉冲发生器。典型的秒脉冲发生器程序如图 28 所示。

b. 三相异步电动机控制案例。设计三相异步电动机的循环正反转 PLC 控制系统要求：按下启动按钮，电动机正转 3s，停止；另一电动机接着反转 2s，停止，如此反复运行。运行中，按停止按钮可停止电动机的运行。

方法 1：用两个定时器实现，梯形图程序如图 29 所示。

秒脉冲发生器

```
LDN     T38
TON     T37，+5

LD      T37
TON     T38，+5
=       Q0.0
```

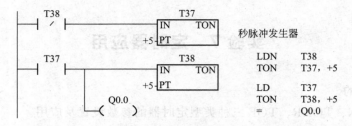

图 28　典型的秒脉冲发生器程序

方法 2：用 1 个定时器和比较指令实现，梯形图程序如图 30 所示。定时时间到 5s 后，用复位定时器方法实现循环（正转 Q0.0，反转 Q0.1）。

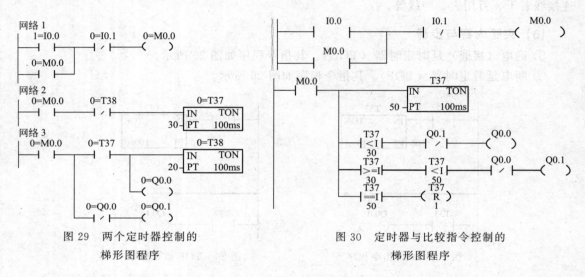

图 29　两个定时器控制的梯形图程序

图 30　定时器与比较指令控制的梯形图程序

(4) 实验报告与总结

实验名称		姓名及学号	
实验日期		实验目的	
实验原理		成绩评定	
实验内容及主要步骤			
实验总结			

实验 8 S7-200 SMART 计数器应用

（1）实验目的

① 掌握 S7-200 系列 PLC 仿真软件应用，掌握用该软件验证设计程序的正确性。

② 进一步熟悉 S7-200 SMART 编程软件的使用、调试技巧。

③ 计数器指令练习及典型应用案例学习。

（2）实验器材

计算机一台（安装了 STEP 7-Micro/WIN SMART 编程软件）、YL-1527 实训控制柜及连接线若干、万用表、网线等。

（3）实验内容与步骤

① 增计数器（CTU）。增计数器的指令程序如图 31 所示。

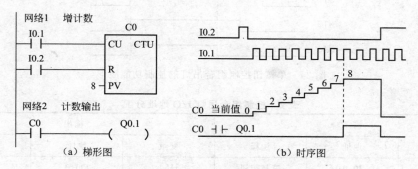

图 31 增计数器的指令程序

② 减计数器（CTD）。减计数器的指令程序如图 32 所示。

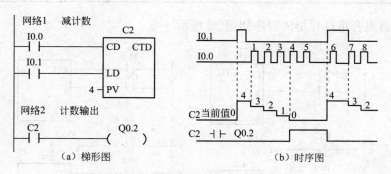

图 32 减计数器的指令程序

③ 增/减计数器（CTUD）。增/减计数器的指令程序如图 33 所示。

④ 计数器应用典型案例。

a. 用单个按钮控制组合吊灯三挡亮度，控制功能波形如图 34 所示。由组合吊灯三挡亮度控制时序图可以看出，系统应完成如下功能：控制按钮按一下，一组灯亮，按两下，两组灯亮，按三下，三组灯都亮，按四下，全灭。控制组合吊灯 I/O 地址分配见表 2。

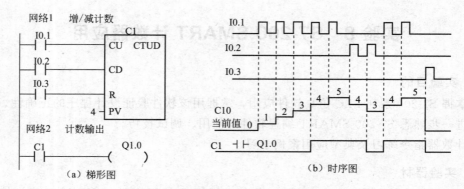

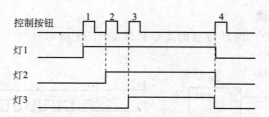

图 33　增/减计数器的指令程序

图 34　单按钮控制组合吊灯的控制功能波形

表 2　控制组合吊灯 I/O 地址分配

输入			输出		
变量	地址	注释	变量	地址	注释
SB	I0.0	控制按钮	HL1	Q0.0	灯
			HL2	Q0.1	灯
			HL3	Q0.2	灯

计数器控制组合吊灯梯形图程序如图 35 所示。

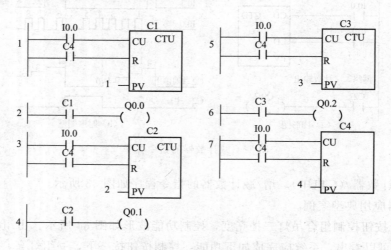

图 35　计数器控制组合吊灯梯形图程序

b. 某轧钢厂的成品库可存放钢卷 1000 个，因为不断有钢卷入库、出库，需要对库存的钢卷进行统计。当库存低于下限 100 时，指示灯 HL1 亮；当库存大于 900 时，指示灯 HL2 亮；当达到库存上限 1000 时报警器 HA 响，停止入库。库存数量控制带指示灯的梯形图程序如图 36 所示。

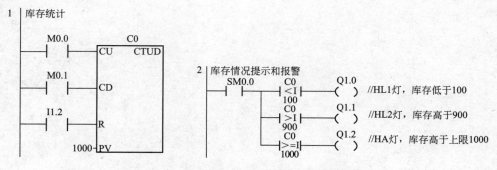

图 36　库存数量控制带指示灯的梯形图程序

（4）实验报告与总结

实验名称		姓名及学号	
实验日期		实验目的	
实验原理		成绩评定	
实验内容及主要步骤			
实验总结			

实验 9　定时器与计数器综合应用

(1) 实验目的

① 掌握 S7-200 系列 PLC 定时、计数指令综合应用技巧。

② 熟练掌握比较指令的应用。

(2) 实验器材

计算机一台（安装了 STEP 7-Micro/WIN SMART 编程软件）、YL-1527 实训控制柜及连接线若干、万用表、网线等。

(3) 实验内容与步骤

① 定时器、计数器和比较指令对电动机循环控制案例。控制要求：电动机正转 5s，停机 2s；反转 5s，停机 2s，循环 3 次后自动停止。

方法 1：采用比较、定时、计数综合设计的梯形图参考程序如图 37 所示。

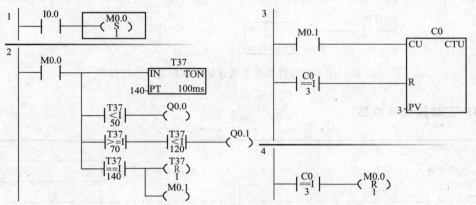

图 37　比较、定时、计数综合设计的梯形图程序

方法 2：采用计数器与定时器综合设计的梯形图参考程序如图 38 所示。

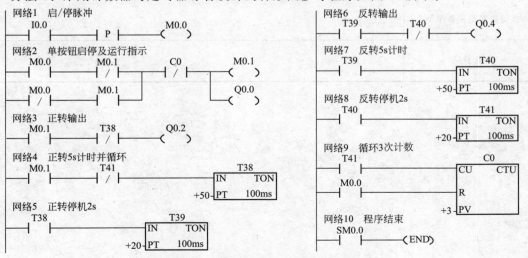

图 38　定时器与计数器控制的梯形图程序

② 定时与计数器实现长延时控制案例。控制要求：某设备有 3 台电动机，按下启动按钮，3 台电动机相隔 20s 自动启动；运行 3h 后 3 台电动机自动停机（长延时），按下停止按钮电动机停止。用定时与计数器实现长延时控制的梯形图参考程序如图 39 所示。

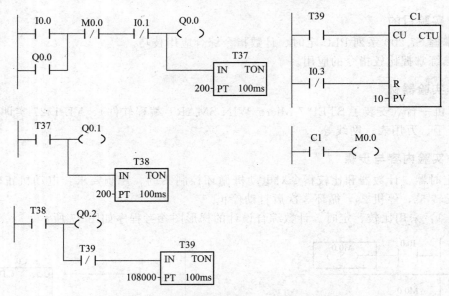

图 39　用定时与计数器实现长延时控制的梯形图程序

（4）实验报告与总结

实验名称		姓名及学号	
实验日期		实验目的	
实验原理		成绩评定	
实验内容及主要步骤			
实验总结			

实验 10　数据传送指令应用

（1）实验目的

① 掌握 S7-200 系列 PLC 数据传送指令及应用。

② 掌握 S7-200 系列 PLC 闪烁指令应用。

（2）实验器材

计算机一台（安装了 STEP 7-Micro/WIN SMART 编程软件）、YL-1527 实训控制柜及连接线若干、万用表、网线等。

（3）实验内容与步骤

① 单字节数据传送控制。用数据传送指令实现的控制要求如下：a. 按下启动按钮，灯2 立即亮；b. 按下停止按钮，灯 2 立即灭。

分析：十进制整数 3 传送给 QB0，QB0 是 Q 存储器中编号为 0 的字节，它包含 Q0.7、Q0.6、Q0.5、Q0.4、Q0.3、Q0.2、Q0.1、Q0.0，总共 8 位。先把 3 由十进制转换成八位的二进制，也就是 00000011，然后把这个 00000011 套用在上面 QB0 的八位上，就变成 Q0.7 到 Q0.2 都是 0，Q0.1 和 Q0.0 都是 1，则 Q0.1 和 Q0.0 对应的 LED 指示灯都亮。数据传送指令实现灯亮、灭控制的梯形图程序如图 40 所示。

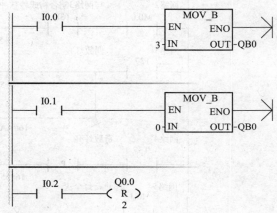

图 40　数据传送指令实现灯亮、灭控制的梯形图程序

② 双字节的字传送。将变量存储器 VW10 中内容送到 VW100 中。16 位的字传送梯形图程序如图 41 所示。

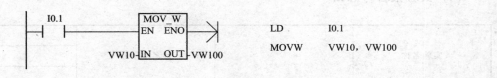

图 41　16 位的字传送梯形图程序

③ 综合应用案例。奇数灯与偶数灯交替点亮案例具体介绍如下。

控制要求：某装饰灯箱有 8 盏指示灯 HL0～HL7，按下启动按钮 SB1，奇数灯与偶数灯交替点亮，工作周期为 1s（ON/OFF 各 0.5s），反复循环工作；按下停止按钮 SB2，信号灯全部熄灭。试设计 PLC 控制电路，并用数据传送指令编写控制程序。

装饰灯的 PLC 选型及 I/O 信号分配如图 42 所示。用数据传送指令编写的梯形图程序如

图 43 所示。

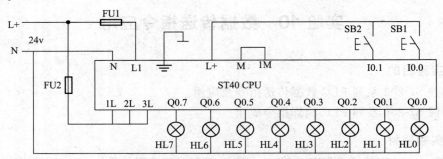

图 42　装饰灯的 PLC 选型及 I/O 信号分配

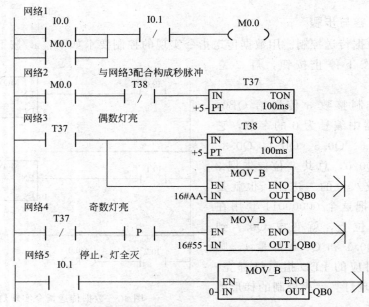

图 43　用数据传送指令编写的梯形图程序

注意：二进制数录入时，字节传送只能显示后 7 位，不能导出仿真；字传送只能显示 9 位。而 16 进制数录入时不存在这样的问题。

（4）实验报告与总结

实验名称		姓名及学号	
实验日期		实验目的	
实验原理		成绩评定	
实验内容及主要步骤			
实验总结			

实验 11 算术运算指令应用

（1）实验目的

① 掌握 S7-200 系列 PLC 算术运算指令及应用。

② 掌握用状态图表监控变量的执行情况。

③ 掌握 S7-200 SMART 系列 PLC 算术运算指令典型应用案例。

（2）实验器材

计算机一台（安装了 STEP 7-Micro/WIN SMART 编程软件）、YL-1527 实训控制柜及连接线若干、万用表、网线等。

（3）实验内容与步骤

① 整数加法指令。16 位整数加法梯形图程序如图 44 所示。

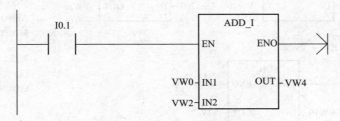

图 44 16 位整数加法梯形图程序

具体操作步骤：

a. 输入 16 位整数加法梯形图。程序下载到 CPU 并运行。单击编程软件左侧快速导航栏的状态图表，在地址栏输入 VW0、VW2。

b. 在对应的地址栏的"新值"中输入 500 和 200，计算机和 PLC 通信正常后，单击"写入"按钮，将数据写入 PLC 的 CPU 对应的存储器中，状态图表中的数据写入 PLC 存储器界面如图 45 所示，状态图表中 VW0、VW2 的当前值就变成 500 和 200。

状态图表

	地址	格式	当前值	新值
1	VW0	有符号	+500	+500
2	VW2	有符号	+200	200

图 45 状态图表中的数据写入 PLC 存储器界面

c. 单击 S7-200 SMART 程序软件的绿色运行按钮，并按下 I0.1，请思考如何查看状态图表的 VW4 中的值。

d. 按下状态图表中的绿色"持续监控图表中的变量"按钮，可以看到 VW4 中的值是 700（500＋200＝700），见图 46。

e. 也可以不需要按 I0.1 按钮，而采用"强制"方式：在 I0.0 地址栏对应"新值"中输

	地址		当前值	新值
1	VW0	**图表状态** 开始持续监视状态图表中的变量	+500	+500
2	VW2	有符号	+200	+200
3	VW4	有符号	+700	
4		有符号		
5		有符号		

图 46　用状态图表监控 VW4 变量中的数据

入 1，在当前值中右键单击"强制"，这时 I0.0 当前值就变成 1，相当于 I0.0 被按下。

② 整数减法指令。整数减法的梯形图程序如图 47 所示。

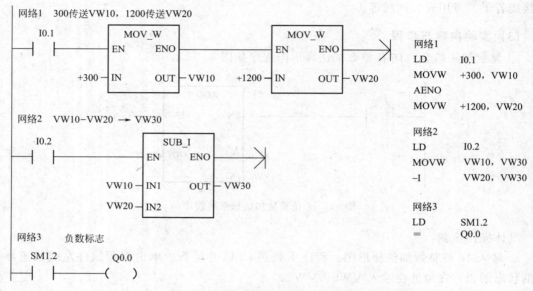

网络1　300传送VW10，1200传送VW20

```
网络1
LD      I0.1
MOVW    +300，VW10
AENO
MOVW    +1200，VW20

网络2
LD      I0.2
MOVW    VW10，VW30
-I      VW20，VW30

网络3
LD      SM1.2
=       Q0.0
```

网络2　VW10-VW20 → VW30

网络3　负数标志

图 47　整数减法的梯形图程序

减法程序运行时程序监控及状态图表如图 48 所示。

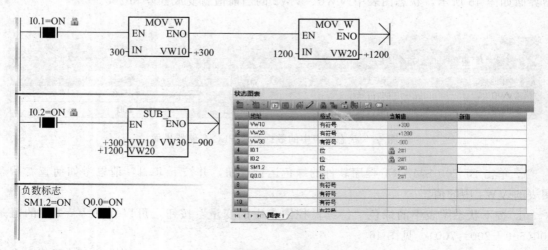

	地址	格式	当前值	新值
1	VW10	有符号	+300	
2	VW20	有符号	+1200	
3	VW30	有符号	-900	
4	I0.1	位	2#1	
5	I0.2	位	2#1	
6	SM1.2	位	2#0	
7	Q0.0	位	2#1	
8		有符号		
9		有符号		
10		有符号		
11		有符号		

图 48　程序监控及状态图表

172

③ 整数乘法指令。2个16位整数相乘，结果是32位双整数输出，即 IN1(16bit)×IN2(16bit)=OUT(32bit 乘积)。输出 VD200 是由高位的 VW200 和低位的 VW202 组成的。整数乘法梯形图程序如图 49 所示。

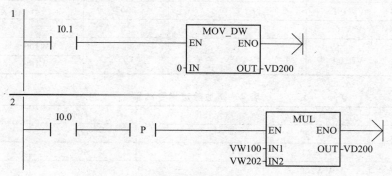

图 49　整数乘法梯形图程序

④ 整数除法指令。IN1(16bit)÷IN2(16bit)=OUT(32bit 结果)，操作数 IN1 与 OUT 的低 16位用的是同地址单元。当使能输入 EN 端有效时，执行 OUT/IN2=OUT。执行结果：余数放在 VW300（高位），商放在 VW302（低位），16 位整数除法地址示意图如图 50 所示。

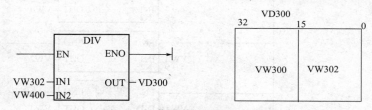

图 50　16 位整数除法地址示意图

VW302 与 VW400 相除的梯形图程序如图 51 所示。

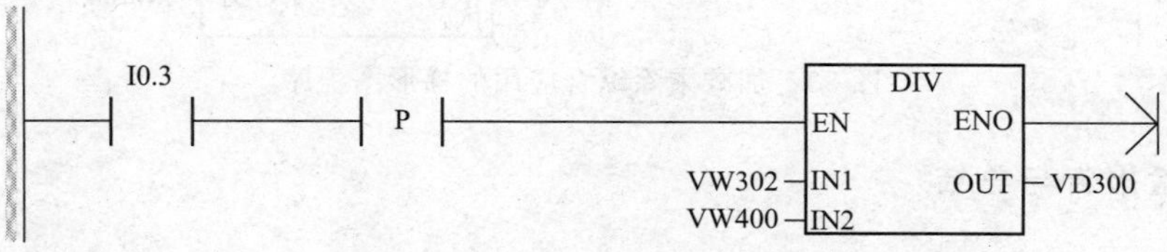

图 51　VW302 与 VW400 相除的梯形图程序

⑤ 完全除法和整数除法比较案例。完全除法和整数除法梯形图程序如图 52 所示。

```
LD     I0.0     //使能输入端
DIV    VW10，VD100   //完全除法
             //  VW102/VW10=VD100

LD     I0.1     //使能输入端
/I     VW20，VW200   //整数除法
             //VW200/VW20=VW200
```

图 52　完全除法和整数除法梯形图程序

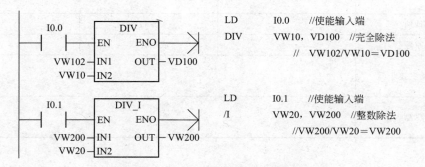

对于完全除法指令，运行结果见表 3；对于整数除法指令，运行结果见表 4。

表 3　完全除法指令结果

操作数	地址单元	单元长度/字节	运算前值	运算结果值	
IN1	VW102	2	2003	50	
IN2	VW10	2	40	40	
OUT	VD100	4	203	VW100	3
				VW102	50

表 4　整数除法指令结果

操作数	地址单元	单元长度/字节	运算前值	运算结果值
IN1	VW200	2	2003	50
IN2	VW20	2	40	40
OUT	VW200	2	400	50

⑥ 加减乘除综合应用。用算术运算指令来编写计算 $[(7+6)-5]*4/2$ 的程序，计算结果存到 VW100 中。加减乘除综合应用的梯形图程序如图 53 所示。

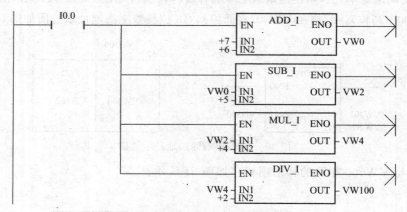

图 53　加减乘除综合应用的梯形图程序

（4）实验报告与总结

实验名称		姓名及学号	
实验日期		实验目的	
实验原理		成绩评定	
实验内容及主要步骤			
实验总结			

实验 12　增 1/减 1 指令应用

（1）实验目的
① 掌握增 1/减 1 指令的基本用法。
② 掌握用状态图表监控变量的执行情况。
③ 掌握 S7-200 SMART 系列 PLC 的增 1/减 1 指令典型应用案例。

（2）实验器材
计算机一台（安装了 STEP 7-Micro/WIN SMART 编程软件）、YL-1527 实训控制柜及连接线若干、万用表、网线等。

（3）实验内容与步骤
① 增 1/减 1 指令。增 1/减 1 指令梯形图程序如图 54 所示。

分析：此处用上升沿指令是不管按下 I0.0 多久，增 1 指令只运行一次，保证按下一次按钮只增加 1，而按下 I0.1 只减少 1。

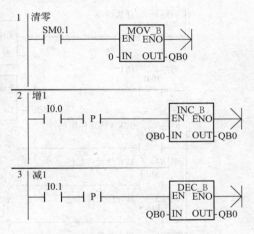

a. 当 I0.0 按下 1 次，Q0.0 为 1，即 QB0 为 00000001，第 2 次按下时，QB0 为 00000010，第 3 次按下时，QB0 为 00000011，如此类推。

b. 当 I0.1 按下 1 次，QB0 减 1，即 I0.0 按下 3 次时，QB0 为 00000011，此时减 1 即变为 00000010（变为 2），第 2 次按下时，QB0 为 00000001，第 3 次按下时，QB0 为 00000000，如此类推。

② 增 1/减 1 指令典型应用案例

图 54　增 1/减 1 指令梯形图程序

控制要求：某加热器有 7 个挡位，功率调节分别是 0.5kW、1kW、1.5kW、2kW、2.5kW、3kW 和 3.5kW，由一个功率调节按钮 SB1 和一个停止按钮 SB2 控制。第 1 次按下 SB1 时功率为 0.5kW，第 2 次按下 SB1 时功率为 1kW，第 3 次按下 SB1 时功率为 1.5kW，……，第 8 次按下 SB1 或随时按下 SB2 时停止加热。

a. PLC 选型及 I/O 信号分配。PLC 选型及 I/O 信号分配示意图如图 55 所示。

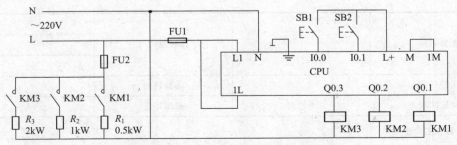

图 55　PLC 选型及 I/O 信号分配示意图

b. 首先通过增 1 指令建立按键次数、控制字节及输出功率之间的关系（表 5），然后用控制字节 MB0 的低 3 位去控制 Q0.3～Q0.1，从而实现对功率的选择控制。

表 5　按键次数、控制字节及输出功率的关系

按 SB1 次数	控制字节 MB0				输出功率/kW
	M0.3	M0.2	M0.1	M0.0	
0	0	0	0	0	0
1	0	0	0	1	0.5
2	0	0	1	0	1
3	0	0	1	1	1.5
4	0	1	0	0	2
5	0	1	0	1	2.5
6	0	1	1	0	3
7	0	1	1	1	3.5
8	1	0	0	0	0

c. 梯形图程序。7 挡加热梯形图程序如图 56 所示。

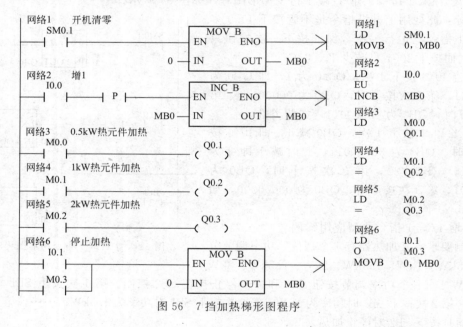

图 56　7 挡加热梯形图程序

（4）实验报告与总结

实验名称			姓名及学号	
实验日期			实验目的	
实验原理			成绩评定	
实验内容及主要步骤				
实验总结				

实验 13　跳转与标号指令应用

（1）实验目的

① 掌握跳转与标号指令的基本用法。

② 掌握典型跳转与标号指令的典型应用案例。

（2）实验器材

计算机一台（安装了 STEP 7-Micro/WIN SMART 编程软件）、YL-1527 实训控制柜及连接线若干、万用表、网线等。

（3）实验内容与步骤

① 跳转与标号指令（JMP/LBL）练习程序。用跳转和标号指令编程实现控制：按下启动按钮红灯亮，断开后绿灯亮。单按钮控制红、绿灯梯形图程序如图 57 所示。

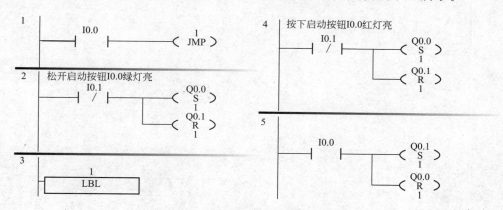

图 57　单按钮控制红、绿灯梯形图程序

② 跳转与标号指令典型应用案例。某设备有手动/自动两种操作方式，SA 是操作方式选择开关，当 SA 断开时，选择手动操作方式；当 SA 接通时，选择自动操作方式，不同操作方式的控制要求如下。

a. 手动操作方式：按启动按钮 SB2，电动机运转；按停止按钮 SB1，电动机停止。

b. 自动操作方式：按启动按钮 SB2，电动机连续运转 1min 后，自动停止；按停止按钮 SB1，电动机立即停止。

手动/自动两种操作方式梯形图程序如图 58 所示。

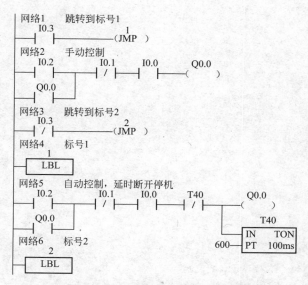

图 58　手动/自动两种操作方式梯形图程序

（4）实验报告与总结

实验名称		姓名及学号	
实验日期		实验目的	
实验原理		成绩评定	
实验内容及主要步骤			
实验总结			

实验 14　移位指令应用

（1）实验目的

① 掌握左右移位与循环移位指令的基本用法。

② 掌握移位指令适用场合及典型应用案例。

（2）实验器材

计算机一台（安装了 STEP 7-Micro/WIN SMART 编程软件）、YL-1527 实训控制柜及连接线若干、万用表、网线等。

（3）实验内容与步骤

① 左右移位和循环移位指令练习。左右移位与循环移位指令梯形图程序如图 59 所示。

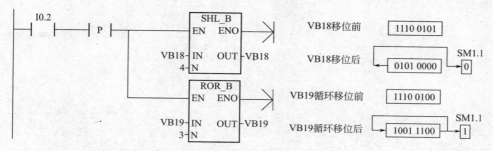

图 59　左右移位与循环移位指令梯形图程序

② 循环移位典型案例。控制要求：用 I0.0 控制接在 QB0 上的 8 个彩灯是否移位，每 2s 循环移动 1 位。用 I0.1 控制左移或右移，首次扫描时将彩灯的初始值设置为十六进制数 16#0E（仅 Q0.1～Q0.3 为 ON），设计出梯形图程序。彩灯循环移位的梯形图参考程序如图 60 所示。

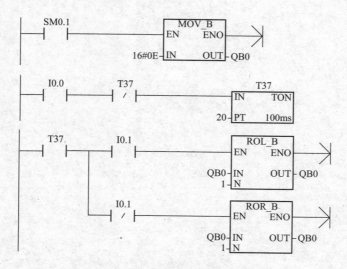

图 60　彩灯循环移位的梯形图参考程序

（4）实验报告与总结

实验名称		姓名及学号	
实验日期		实验目的	
实验原理		成绩评定	
实验内容及主要步骤			
实验总结			

实验 15　子程序与循环指令应用

（1）实验目的

① 掌握单重循环和多重循环指令的基本用法。

② 掌握循环指令的典型应用案例。

（2）实验器材

计算机一台（安装了 STEP 7-Micro/WIN SMART 编程软件）、YL-1527 实训控制柜及连接线若干、万用表、网线等。

（3）实验内容与步骤

① 单循环。控制要求：用循环指令求 $0+1+2+3+\cdots+100$ 的和，并将计算结果存入 VW0 中。用循环指令求和的程序如图 61 所示。

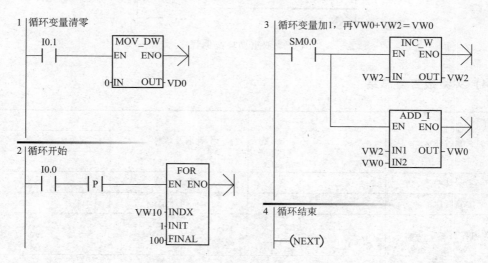

图 61　循环指令求和的程序

分析：在 I0.0 上升沿开始的一个扫描周期内，执行循环体 100 次。每循环一次，VW2+1→VW2，VW0+VW2→VW0，循环结束后，VW0 中存储的数据为 5050，图 62 所示为状态图表监控数据。最后一次 VW10=101，VW2=100。

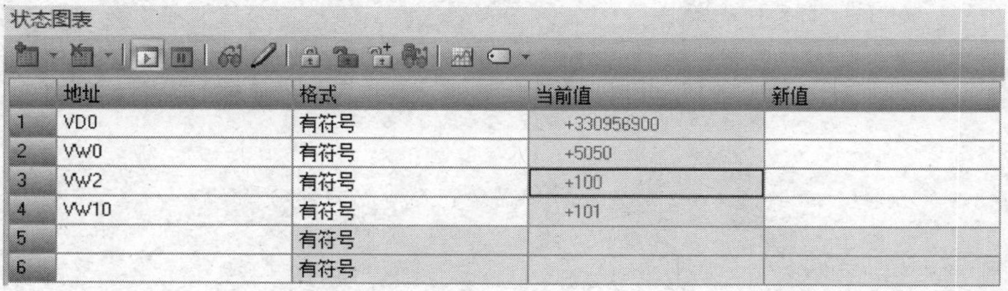

	地址	格式	当前值	新值
1	VD0	有符号	+330956900	
2	VW0	有符号	+5050	
3	VW2	有符号	+100	
4	VW10	有符号	+101	
5		有符号		
6		有符号		

图 62　状态图表监控数据

② 双重循环。图 63 所示为双重循环案例程序。在 I0.6 的上升沿，执行 10 次外层循环，如果 I0.7 为 ON，每执行一次外层循环，将执行 8 次内层循环。执行完后，VW10 的值增加 80。

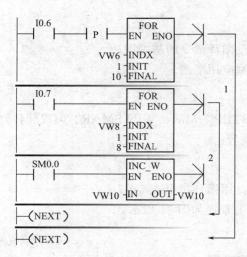

图 63　双重循环案例程序

（4）实验报告与总结

实验名称		姓名及学号	
实验日期		实验目的	
实验原理		成绩评定	
实验内容及主要步骤			
实验总结			

实验 16　顺序控制指令应用

（1）实验目的

① 掌握 S7-200 系列 PLC 顺序控制指令功能图的绘制。

② 掌握 S7-200 系列 PLC 顺序控制指令的应用案例。

（2）实验器材

计算机一台（安装了 STEP 7-Micro/WIN SMART 编程软件）、YL-1527 实训控制柜及连接线若干、万用表、网线等。

（3）实验内容与步骤

电动机顺序启停控制典型案例要求如下：三条运输带顺序相连，按下启动按钮，下面的 1 号运输带开始运行，5s 后 2 号运输带自动启动，再过 5s 后 3 号运输带自动启动；按下停止按钮后，先停 3 号运输带，5s 后停 2 号运输带，再过 5s 停 1 号运输带。在顺序启动三条运输带的过程中，操作人员如果发现异常情况，可以由启动改为停止。

a. 运输带。三条运输带示意图如图 64 所示。

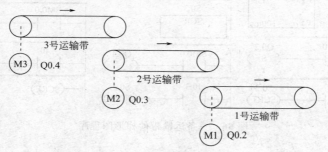

图 64　三条运输带示意图

b. I/O 地址分配。输入点：启动按钮 I0.2，停止按钮 I0.3。输出点：Q0.2—1 号运输带，M1；Q0.3—2 号运输带，M2；Q0.4—3 号运输带，M3。

c. 顺序控制功能图。三条运输带顺序启动功能图如图 65 所示。

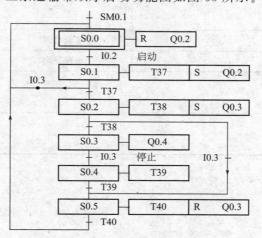

图 65　三条运输带顺序启动功能图

d. 梯形图程序。三条运输带的梯形图程序如图 66 所示。

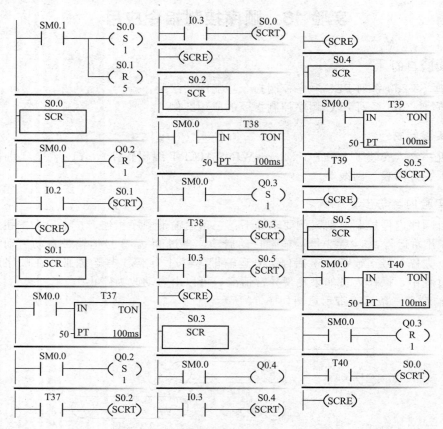

图 66　三条运输带的梯形图程序

（4）实验报告与总结

实验名称		姓名及学号	
实验日期		实验目的	
实验原理		成绩评定	
实验内容及主要步骤			
实验总结			

附　　录

附录1　PLC常用专业英语词汇

1. Analog　　模拟
2. Applicable　　可用的
3. Assign　　分配
4. ATCH（Attach Interrupt）　　中断连接指令
5. Baud　　波特
6. Base unit　　主基板
7. Buffer memory　　缓冲存储器
8. Case　　外壳
9. Common terminal　　公共端
10. Compatible　　兼容
11. Configuration　　组态
12. CEVNT（Clear Event）　　清除中断事件指令
13. CRETI（Conditional Return from Interrupt）　　中断条件返回指令
14. POU（Programming Organisation Unit）　　程序组织单元程序组织单元
15. Din rail　　导轨
16. Download　　下载
17. DTCH（Detach Interrupt）　　中断分离指令
18. DISI（Disable Interrupt）　　中断禁止指令
19. ENI（Enable Interrupt）　　中断允许指令
20. ED（Edge Down）　　下降沿
21. EU（Edge Up）　　上升沿
22. Field bus　　现场总线
23. Humidity　　湿度
24. HMI（Human Machine Interface）　　人机接口或人机界面
25. Invalid　　无效的
26. Interface　　接口
27. Instruction　　指令
28. MPI（Multi-Point Interface）　　多点通信接口
29. Module　　模块/组件
30. OP（Operator Panel）　　操作员面板
31. Programming interface　　编程接口/编程界面

32. Protocol   协议

33. PID（Proportional-Integral-Derivative Control）   比例-积分-微分控制器

34. Remote I/O   远程网络

35. Maximum resolution   最大分辨率

36. Screw   螺钉

37. Servo   伺服系统

38. Sequence control   顺序控制

39. SCR（Load Sequence Control Relay）   装载顺序控制继电器

40. SCRT（Sequence Control Relay Transition）   顺序控制继电器转移

41. SCRE（Sequence Control Relay End）   顺序控制继电器结束

42. Specification   特性

43. Step drive   步进

44. Witch off   切断

45. Trouble shooting   故障处理

46. TP（Touch Panel）   触摸屏

47. Triac   三端双向可控硅开关元件

48. TD（Text Display）   文本显示

49. TCP/IP（Transmission Control Protocol/Internet Protocol）   传输控制协议/互联
协议

50. Up/Load   上传/下载

51. Utilize   利用

52. Verify   校验

53. Watchdog   看门狗

54. Wire chips   线头

附录 2　特殊存储区 SM

特殊存储器标志位提供大量的状态和控制功能，部分常用的特殊存储器见附表 1。

附表 1　部分常用的特殊存储器

特殊存储器标志位	描述
SM0.0	该位始终为 1
SM0.1	该位首次扫描时为 1，用途之一是调用初始化子程序
SM0.2	若保持数据丢失，则该位在一个扫描周期中为 1，该位可用作错误存储器位，或用来调动特殊启动顺序功能
SM0.3	开机后进入运行方式，该位将导通一个扫描周期，该位可用作在启动之前给设备提供预热时间
SM0.4	该位提供一个时钟脉冲，30s 为 1，30s 为 0，周期为 1min，提供一个简单易用的延时或 1min 的时钟脉冲
SM0.5	该位提供一个时钟脉冲，0.5s 为 1，0.5s 为 0，周期为 1s，提供一个简单易用的延时或 1s 的时钟脉冲
SM0.6	该位为扫描时钟，本次扫描时置 1，下次扫描时置 0，可用作扫描计数器的输入
SM0.7	该位指示 CPU 工作方式开关的位置（0 为 Term 位置，1 为 Run 位置），当开关在 Run 位置时，用该位可使自由端口通信有效，切换至 Term 位置时，同编程设备的正常通信也会有效

参考文献

［1］ 西门子（中国）有限公司．S7-200 SMART 可编程控制器系统手册［Z］.2017.

［2］ 廖常初．S7-200.SMART PLC 编程及应用［M］.北京：机械工业出版社，2019.

［3］ 西门子（中国）有限公司．S7-200 SMART 可编程控制器产品目录［Z］.2017.

［4］ 赵红顺，莫莉萍．电机与电气控制技术［M］.北京：高等教育出版社，2019.

［5］ 崔维群，许峰．S7-200 可编程控制器项目化教程［M］.北京：北京理工大学出版社，2018.

［6］ 李海波，徐瑾瑜．PLC 应用技术项目化教程［M］.北京：机械工业出版社，2020.

［7］ 刘敏，钟苏丽．可编程控制器技术项目化教程［M］.2 版.北京：机械工业出版社，2021.